*Dieses Buch widme ich allen Bogenschützen und
Handwerkern, die mich an ihrem Wissen teilhaben ließen
und in deren Gesellschaft ich immer eine gute Zeit verbrachte.
Vor allem aber widme ich es den Bogenschützen in der Welt,
die die wahrhaftige Seele des traditioneller Bogenschießens
lebendig erhalten haben.*

Hilary Greenland

Bemerkungen zur neuen und erweiterten Ausgabe

Als ich die erste Ausgabe dieses Handbuchs vor einigen Jahren schrieb, sollte es vor allem eine Grundlage für alle Interessierte sein, die mit dem Schießen anfangen wollten.

Ich wollte Wissen zusammentragen, das ich aus vielen unterschiedlichen Quellen aufgelesen hatte: Aus anderen Schriften, aus Geschichten, aus Gesprächen mit anderen erfahrenen Bogenschützen. Alle diese Informationen wollte ich zusammen mit einigen meiner eigenen Ideen zu Papier bringen.

Über die Jahre habe ich dann festgestellt, dass es im Bereich des traditionellen Schießens so viel Stoff gibt, dass man nie auslernt.

Ganz gleich, ob man sich für die geschichtlichen Hintergründe, die Bogenphysik, das Handwerk oder die Schießtechnik interessiert: Es gibt immer eine ganze Welt, die es zu entdecken gilt.

Deswegen ist dieses Buch mit der Zeit etwas dicker geworden, genauso wie das weltweite Interesse am traditionellen Schießen zugenommen hat.

Ich hoffe, dieses Buch ist immer noch ein gutes Grundlagenwerk für alle Anfänger. Aber diese erweiterte Neuausgabe geht über die Grundlagen hinaus.

Ich möchte den Bogenschützen danken, die mir mit ihren Ratschlägen geholfen haben, einige Punkte hinzuzufügen oder zu verdeutlichen, und die damit letztendlich die Veröffentlichung der korrigierten und erweiterten Ausgabe ermöglicht haben.

Das Wichtigste, was ich im Laufe dieses Abenteuers herausgefunden habe, ist aber folgendes: Wenn man in guter Gesellschaft einen vertrauten Bogen schießt, der dadurch auch zu einer Art Freund geworden ist, dann ist das eine der schönsten Möglichkeiten, sich die Zeit zu vertreiben, die uns gegeben ist.

Hilary Greenland, Bristol im November 2001

Einleitung

Das traditionelle Bogenschießen ist in den letzten Jahren etwas in Vergessenheit geraten. Die Mehrzahl aller Bogenschützen benutzen Visiere, Stabilisatoren und anderes technisches Gerät, das benötigt wird, um beim Scheibenschießen eine hohe Punktzahl zu erreichen.

Durch die Verbreitung des Compoundbogens wurden perfekte Ergebnisse und hohe Pfeilgeschwindigkeiten zu einer erwarteten Selbstverständlichkeit.

Aber es gab auch immer eine kleine Gruppe von Schützen, die an den Werten des ursprünglichen Bogenschießens festgehalten haben und deren Bemühungen bei der Renaissance des traditionellen Bogenschießens hilfreich waren.

Das wachsende Interesse an diesen Traditionen (insbesondere am englischen Langbogen) erfreut diejenigen, die jahrelang die Tugenden des einfachen Bogenschießens hochgehalten haben.

Die meisten "Traditionellen" wollen mehr als einfach nur schießen, sie interessieren sich für die vielfältige Geschichte des Bogens und seiner verwandten Künste.

Viele sind sehr individuell und möchten ihre Ausrüstung selbst herstellen.

Das trifft zwar nicht nur auf die traditionellen Schützen zu, aber es ist ein Unterschied, einen Holzpfeil zu machen (was die meisten Traditionalisten lernen) oder einen Aluminiumpfeil zusammenzukleben.

Unter den traditionellen Bogenschützen gibt es einige sehr gute Bogenbauer, Pfeilmacher und Leute, die Lederarbeiten machen.

Das Wissen dieses Buches stammt aus Unterhaltungen mit anderen erfahrenen Bogenschützen und aus der Praxis, meine Ausrüstung selbst herzustellen.

Natürlich werden einige Schützen Verbesserungsvorschläge zu meinen Methoden haben - was für den einen gut ist, muss nicht unbedingt für den anderen gut sein.

Deshalb rate ich dir, gut zuzuhören, wenn erfahrene Schützen etwas sagen und dir dann deine eigene Meinung zu bilden.

Man braucht nicht lange, um das Sinnvolle vom Unsinnigen zu unterscheiden!

Dieses Handbuch ist vor allem für den Neuling des traditionellen Schießens gedacht. Es soll eine umfassende und nützliche Informationsquelle sein und somit nur die Grundlage behandeln. Alles Weitere liegt dann bei dir.

Viel Glück und einen geraden Pfeilflug,

Hilary Greenland, Bristol, Oktober 1993

Inhalt

1. Die verschiedenen Bogentypen

Was ist ein traditioneller Bogen?

Der instinktive Schießstil ist ein essentieller Bestandteil des traditionellen Schießens, und jeder weiß, was mit ‚instinktiv' gemeint ist.

Über die Frage, welche Bogen traditionell[1] sind, kann man sich streiten.

Meiner Meinung nach bezieht sich dieser Begriff auf alle Bogen, die folgende Merkmale aufweisen:

- das Mittelteil ist aus Holz, die Wurfarme aus natürlichen Materialien (zum Beispiel Holz, Sehnen, Horn)
- der Bogen wird instinktiv[1] geschossen, d.h. ohne Visier, Stabilisator oder Button (Pfeilauflage mit variabler Federkraft)
- es gibt am Bogen keine leistungssteigernden technischen Vorrichtungen wie Kabel oder Rollen. Die Schussleistung und das Auszugsverhalten sind alein abhängig von der Form der Wurfarme und ihrem Material.

Hat man sich einmal dazu entschlossen, einen traditionellen Bogen zu schießen, muss man sich hier wiederum nicht nur für eine bestimmte Bogensorte entscheiden, sondern muss auch noch einen speziellen Bogen aus dem großen Angebot der Bogenbauer und Fachgeschäfte auswählen.

Viele Neulinge wechseln ihren Bogen innerhalb des ersten halben Jahres - manche steigen auf ein höheres Zuggewicht um, aber gelegentlich entscheiden sie sich auch für einen ganz anderen Bogentyp.

Ich füge hier eine kurze Beschreibung der verschiedenen Bogentypen an, die dem Anfänger bei seiner Entscheidung helfen soll.

---

1 Anm. d. Übers.: *Instinktiv* und *traditionell* hat insofern nicht unbedingt etwas miteinander zu tun, als sich *instinktiv* auf den Schießvorgang und *traditionell* auf die Ausrüstung bezieht.
Ein moderner Compound kann durchaus instinktiv geschossen werden, genauso wie ein traditioneller Blankbogen von einem Systemschützen geschossen werden kann.
Allerdings hat das instinktive Schießen eine lange Tradition.

1.1. Der englische Langbogen

Der geschichtliche Hintergrund und die damit verbundene Romantik dieser Waffe sind anderswo hinreichend beschrieben worden.

Da es nicht leicht ist, diesen Bogen genau und akkurat zu schießen, streben diejenigen, die sich für ihn entschieden haben, nicht unbedingt nach hohen Ergebnissen.

Bestimmend für seine Schussleistung und seinen Charakter (Auszugsverhalten) sind das Holz, aus dem er gebaut ist und die Fähigkeiten des Bogenbauers.

Aus diesem Grund ist jeder Bogen einmalig und individuell. Auf Grund der schweren Wurfarme und des einfachen Designs ist dieser Bogentyp nicht so effizient wie andere Bogenarten.

Man sagt, dass die Schussleistung im Verhältnis zum Zuggewicht relativ gering ist. Die bekannten Leistungen der mittelalterlichen Bogenschützen beruhen mehr auf ihrer außerordentlichen Fähigkeiten, ihrer Kraft und ihrem strategischen Einsatz, als auf der mechanischen Effizienz ihrer Waffen.

Und doch ist es gerade das Einfache an diesem Bogen, was ihn für eine wachsende Gruppe von Bogenschützen so besonders macht.

Andere Formen des englischen Langbogens

Der gerade Langbogen, allgemein als „englischer Langbogen" bezeichnet, wird als die typische Variante des mittelalterlichen Langbogens angesehen.

Ein Vorteil des D-förmigen Querschnitts dieses Bogentyps liegt darin, dass aus dem Stamm eines Baumes mehr Bogenstäbe gewonnen werden können, als das bei einem breiteren und flacheren Design der Fall wäre.

Das war ideal, um in der mittelalterlichen Zeit und der Tudor-Periode Kriegsbogen in großen Mengen herstellen zu können.

Den D-förmigen Langbogen gibt es in verschiedenen Varianten. Unter anderem auch in der deflex-reflexen Bauweise, wie er in Darstellungen aus dem 15. Jahrhundert zu sehen ist. Hierbei deuten die Enden der Wurf-arme vom Schützen weg.

Auf dem europäischen Festland gab es zur gleichen Zeit Formen des laminierten Langbogens in deflex-reflexer Bauweise, ähnlich dem heutigen amerikanischen Langbogen.

Die Vorteile der Wurfarm-Designs werden an späterer Stelle erörtert.

Die Wurfeigenschaften dieses Typs sind besser als die des geraden Langbogens, aber das Mittelteil ist immer noch relativ breit und der Pfeil durchläuft ein starkes Paradoxon beim Abschuss.

Bewegungslinie des Pfeils

Geometrische Bogenmitte

Deswegen sind solche Bogenarten schwieriger genau zu schießen als ein Bogentyp mit einem schlanken Mittelteil.

Eine Bemerkung am Rande:

Manche Bogenschützen sind etwas unsicher in der Entscheidung für einen englischen Langbogen, weil sie schon viele Geschichten darüber gehört haben, dass diese Bogen gerne im vollen Auszug brechen.

Dies geschieht nur sehr selten, und man braucht auch keinen Helm zu tragen oder sich sonstwie zu schützen, wenn man die grundlegenden Regeln bei der Auswahl des richtigen Bogens und bei seiner Handhabung vor und während des Schießens beachtet (mehr dazu in Kapitel 7).

Das Paradoxon des Bogenschießens

Weil der Griff eines englischen Langbogens so breit ist, wird der Pfeil dazu gezwungen, sich beim Abschuss um den Griff „herumzuwinden".
Diese Bewegung wird beeinflusst durch:

- die Biegesteifigkeit (Spinewert) des Pfeils
- das Zuggewicht des Bogens
- die Breite des Bogens auf Höhe der Pfeilanlage
- die Bewegung der Sehne, die beim Abzug/Ablass entsteht, die Sehne „rollt" von den Fingern
- die Technik des Schützen (ein guter Abzug ist von großem Vorteil!)

Das Paradoxon des Bogenschießens (für einen Rechthandschützen)

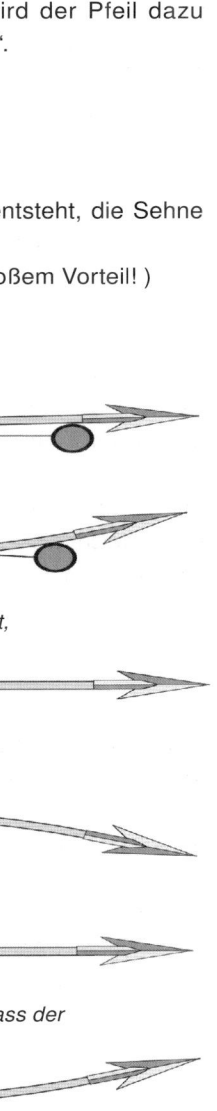

Der Pfeil bei vollem Auszug

Lösen: *Die Sehne „rollt" von den Fingern der Zughand. Durch die Massenträgheit bedingt, biegt sich der Schaft, die Pfeilspitze wird zur Seite gedrückt...*

...und der Schaft beginnt zu schwingen.

Dieses Schwingungsverhalten muss so geartet sein, dass der Pfeil sauber aus dem Bogen herauskommt.

Sobald der Pfeil den Bogen verlassen hat, muss er sich so schnell wie möglich gerade ausrichten, damit er ruhig und ohne zu große Energieverluste fliegen kann.

Diese Bewegung des Pfeils bezeichnet man als das Paradoxon des Bogen-schießens.

Der Pfeil muss den richtigen Spinewert (Biegesteifigkeitswert) haben, damit er sauber aus dem Bogen kommen kann und auch in die Richtung fliegt, in die er gezielt wurde (genaueres siehe unter Kapitel 5 „Pfeile").

Die Gesetzmäßigkeiten dieses Paradoxons gelten für jeden Bogentyp, sie wirken sich aber am stärksten bei Bogen aus, die einen breiten Griff haben.

Moderne Lösungen

Bei modernen Langbogen und Recurves wird meist ein Bogenfenster oder eine Pfeilauflage aus dem Mittelteil herausgearbeitet.

Es handelt sich hierbei um Aussparungen, so dass der Pfeil beim Abschuss näher an der Mittelachse des Bogens liegt. Dadurch wirken sich die Effekte des Paradoxons nicht so stark aus, der Pfeil verliert nicht so viel Energie und die Schussleistung wird erhöht.

Dazu kommt noch, dass ein solcher Bogen, der mehr auf Mitte geschnitten ist, weniger empfindlich auf Abschussfehler des Schützen reagiert!

1.2. Der amerikanische Langbogen (Flachbogen)

Der amerikanische Langbogen, wie er vor der Einführung der Glasfaser in den Bogenbau geschossen wurde, ist eine Mischung aus dem englischen Langbogen und dem kürzeren und breiteren Bogen, wie ihn einige indianische Stämme benutzten.

Die Indianer bauten unterschiedliche Bogenformen, je nach Verfügbarkeit der Materialien.
Dazu gehörte Horn, Sehnen und viele Hölzer, die auch heute immer noch gerne verarbeitet werden, wie Osage Orange, Eibe, Maulbeere, Akazie und Esche.

Die meisten Stämme benutzten eine im Querschnitt rechteckige und flache Wurfarmform (die Cherokee bauten einen Bogen ähnlich dem englischen Langbogen) und belegten die Bogen (besonders bei der kürzeren Bauform) oft mit Sehnen, um ihre Leistung und Lebensdauer zu erhöhen.

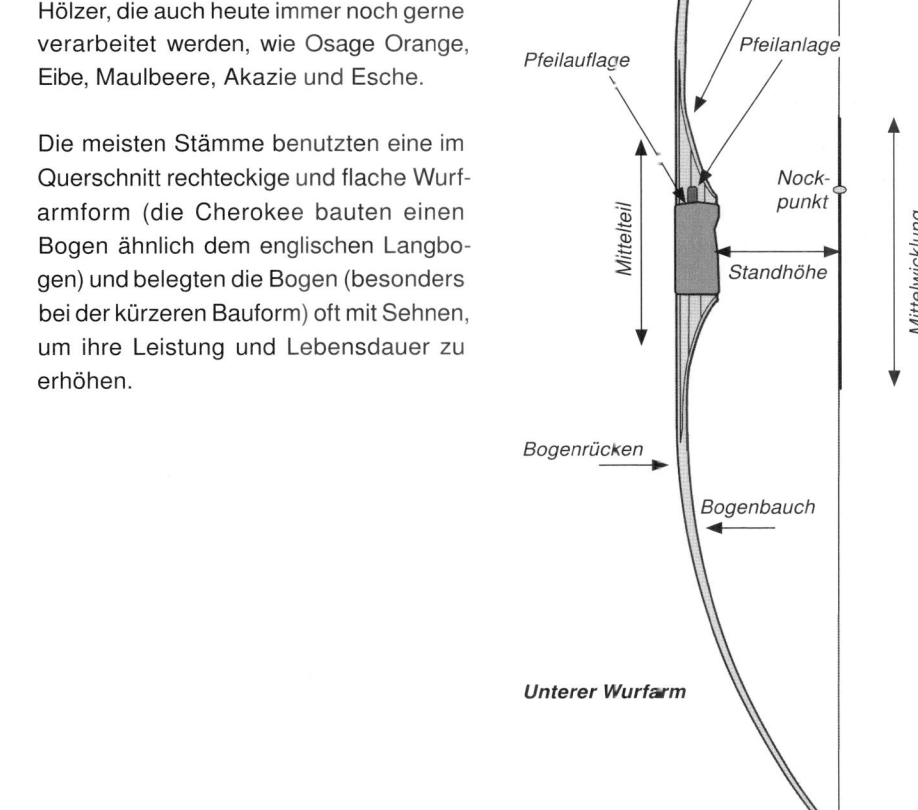

Glasfaser-Laminate

Speziell für den Bogenbau wurden GFK-Laminate[2] entwickelt, die einen hohen Anteil an unidirektionalem Glas aufweisen.

Heute dominieren die glasbelegten Bogen zahlenmäßig bei den meisten Wettkämpfen, da sie einige Vorteile gegenüber dem einfachen, englischen Langbogen mit seinem D-förmigen Querschnitt haben:

- Die GFK-Verstärkung erhöht die Zuverlässigkeit des Bogens und seine Abschussgeschwindigkeit. Man kann den Bogen auch von vornherein kürzer auslegen und damit zusätzlich die Geschwindigkeit erhöhen

- Unter Beachtung des richtigen Verhältnisses von Glasfaserlaminat und Holzkern ist ein glasbelegter Bogen sanfter zu schießen, als ein englischer Langbogen. Auch die Holzart, die Proportionen des Kerns und der Taper (Verjüngung) der Holzlaminats entscheiden über den Charakter des Bogens.

- In das verstärkte Mittelteil kann ein tieferes Bogenfenster geschnitten werden, so dass die Effekte des Paradoxons schwächer werden.
  Insgesamt verzeiht dieser Bogen Schießfehler dadurch eher, als ein englischer Langbogen und ist durch den schmalen Griffbereich auch etwas toleranter bei schlechter Abstimmung der Pfeile.

Um gut zu schießen braucht man aber ohnehin perfekt abgestimmtes Material. Top-Schützen wissen das und schießen nicht etwa deshalb daneben, weil ihnen die Zeit zu dieser Abstimmung zu schade wäre (s. Kapitel 4).

---

2 **GFK** = glasfaserverstärkter Kunststoff. Unidirektional bedeutet in diesem Fall, dass die Glasfaser in der Längsrichtung des Laminats ausgerichtet ist, es handelt sich also nicht um die aus dem PKW-Zubehör bekannten Gewebematten.

Bogen, die weniger einfach gestrickt sind...

Um die Eigenschaften des geraden Langbogens zu verbessern, wurden besonders von amerikanischen Bogenbauern einige alternative Designs entwickelt.
Das führte zu einem großen Angebot von verschiedenen Wurfarmformen bei Biegung, Profil und Querschnitt.

Die beiden Hauptformen sind im Folgenden dargestellt:

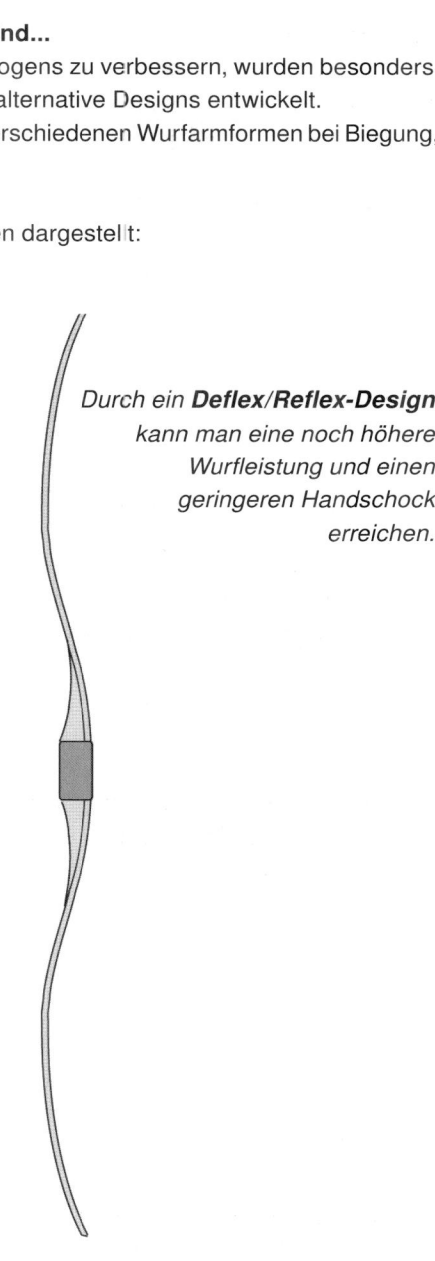

Der Reflexe Langbogen
hat eine höhere Wurf-
leistung als ein gerader
Langbogen, ist aber in
seinem Schussver-
halten etwas nervöser.

Durch ein **Deflex/Reflex-Design**
kann man eine noch höhere
Wurfleistung und einen
geringeren Handschock
erreichen.

1.3. Der Recurvebogen

Die Tradition dieses Bogentyps ist über tausend Jahre alt. Die in der Weltgeschichte bekanntesten Recurves waren die kurzen Bogen des Fernen Ostens. Einige indianische Stämme Nordamerikas bauten sehnenbelegte kurze Recurvebogen aus Holz.

Jahrhundertelang wurde Rohhaut, Horn und Sehnen zur Ver-besserung von Leistung und Langlebigkeit beim Bogenbau benutzt. Heutzutage verwendet man Glasfaser oder Karbon dazu.

Die Recurvebogen aus China, Indien und Korea sind gut dokumentiert und es gibt heute noch gut erhaltene Exemplare zu Studienzwecken, was auf den mittelalterlichen Langbogen nicht zutrifft.

In den 60ern war der kurze Jagdrecurve sehr populär, wurde aber vom Compound und von längeren, teilbaren Recurves (wie sie heute beim Scheibenschießen benutzt werden) verdrängt.

Heute bekommt man aber wieder traditionelle alte Recurves in asiatischer Bauform mit großen arbeitenden Recurves, wobei Glasfaser verarbeitet wird. Das sind Bogen für den instinktiven Schützen mit einem Faible für das Abenteuer.

Den **Recurvebogen** gibt es in zwei Vananten:
- mit „**arbeitenden**" Recurves, die sich beim Auszug strecken
- mit „**statischen**" Recurves, die während des ganzen Auszugs steif bleiben.

Das Funktionsprinzip des Recurves besteht darin, den Winkel zwischen Sehne und Wurfarm zu verkleinern, was eine Verbesserung des Hebels bewirkt und damit das Stacking[3], welches dem kurzen Bogen sonst eigen ist, verringert.

Kurze Bogen sind, verglichen mit gleichstarken längeren Bogen, in der Regel schneller, da ihre Wurfarme auf Grund der geringeren Masse schneller arbeiten.

Die meisten industriell gefertigten Recurves, die es heute gibt, haben einen arbeitenden Recurve, eingeschlossen kurze (50 Zoll) koreanische Bogen mit großen Recurves und kleinem Mittelteil, die sich erstaunlich weich ziehen lassen.

---

3 **Stacking**: überproportionale Zunahme des Zuggewichts auf den letzten Zentimetern des Auszugs.

Als Spielart des statischen Recurves gibt es den türk schen Bogen mit versteiften „Ohren" (Siyahs) am Wurfarmende. Dieses historische asiatische Design ist heute im Westen populär. Die Bogen kommen meist in Glasfaserausführung, denn die ursprüngliche Herstellung (mit Horn und Sehnen) erfordert nicht nur viel Geschick und Zeit vom Bogenbauer, sondern auch eine Menge Pflege vom Schützen selbst, um die Eigenschaften des Bogens zu erhalten.

Das Interesse am traditionellen Bogenschießen wächst weltweit und es werden noch weitere historische Bogenformen nachgebaut, wobei meist Glasfaser an Stelle von Sehne, Horn und Holz verwendet wird.
Manchmal wird ein Holzkern mit Glasfaser belegt.
Im Allgemeinen sind die Bögen mit massiven Glasfaser-Wurfarmen recht schwer und gleiches Design vorausgesetzt, auch weniger leistungsstark als die aus Holz und Glasfaser zusammengesetzten.

Bogenfenster und Systemschießen

Das „Bogenfenster"
Traditionelle und jagdliche Recurves haben meist kurze Bogenfenster, da die durchschnittliche Jagddistanz selten über 40 Yards (ca 35 m) liegt und Visiere normalerweise nicht benutzt werden. Ein langes Bogenfenster, wie es heute von fast allen Herstellern gefertigt wird, braucht man, um bei den großen Entfernungen des Scheibenschießens (FITA) das Visier einstellen zu können.

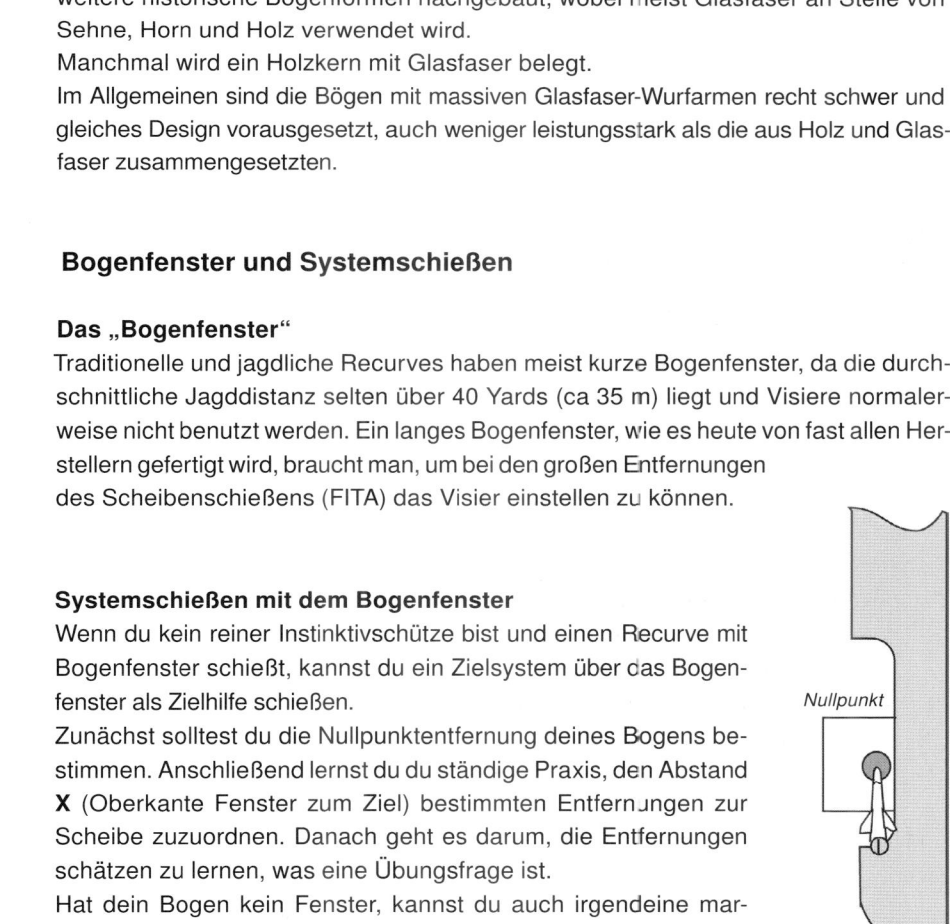

Nullpunkt

Systemschießen mit dem Bogenfenster
Wenn du kein reiner Instinktivschütze bist und einen Recurve mit Bogenfenster schießt, kannst du ein Zielsystem über das Bogenfenster als Zielhilfe schießen.
Zunächst solltest du die Nullpunktentfernung deines Bogens bestimmen. Anschließend lernst du du ständige Praxis, den Abstand **X** (Oberkante Fenster zum Ziel) bestimmten Entfernungen zur Scheibe zuzuordnen. Danach geht es darum, die Entfernungen schätzen zu lernen, was eine Übungsfrage ist.
Hat dein Bogen kein Fenster, kannst du auch irgendeine markante Stelle am Bogen oder die Pfeilspitze in gleicher Weise benutzen.

| Nahe Entfernung zum Ziel | Mittlere Entfernung | Weite Entfernung zum Ziel |

Systemschießen und instinktives Schießen

Ein wirklich instinktiver Schütze schießt einen Pfeil, ohne bewusst zu denken und ohne Hilfe eines konkreten Referenzpunktes zum Zielen. Das Zielen geschieht unterbewusst, es ist vergleichbar mit dem Werfen eines Balls, wo man weder die Entfernung zum Ziel bewusst schätzt, noch ein Hilfssystem zum Zielen verwendet.

Im Gegensatz dazu bietet das Bogenfenster oder die Pfeilspitze dem Systemschützen ein einfaches Hilfsmittel, an dem er sich beim Zielen orientieren kann.
In den Zeichnungen habe ich das Prinzip des Systemschießens am Beispiel des Bogenfensters dargestellt, man kann aber hieraus auch erkennen, wie die Pfeilspitze dazu benutzt werden kann.

1.4. Definition eines einfachen / primitiven Bogens

Über eine präzise Definition eines „primitiven" Bogens kann man sich streiten.
Die Puristen meinen, es dürften nur natürliche Materialien verwendet werden, was Kunstharzleime, moderne Lacke und Sehnen aus Kunstgarn ausschließt.
Turnierveranstalter legen die Regeln oft großzügiger aus.

Um die Lebensdauer eines Bogens zu erhöhen, sollten moderne Hilfsmittel wie Leime, Lacke und verlässlichere Sehnenmaterialien zugelassen werden. Schließlich hat der heutige Schütze oft nicht mehr die Zeit, sich so um seine Ausrüstung zu kümmern, wie das der Berufsschütze der Vergangenheit tun konnte.

Eine realistische Abgrenzung für primitive Bogen sollte folgende Punkte beinhalten:
- Der Bogen hat keine Pfeilauflage und kein Bogenfenster.
- Der Pfeil wird vom Handrücken aus geschossen (Näheres dazu im Anhang unter „Umrechnungstabellen und Daten").
- Moderne Kleber und Sehnenmaterialien können benutzt werden, wenn sich dadurch die Leistungsfähigkeit des Bogens nicht drastisch verändert (Kevlar-Sehnen wären also ausgeschlossen).

Innerhalb dieses Rahmens könnte es Unterklassen für Recurves, Kompositbogen und prähistorische Bogen geben.
In Kapitel 9 sind Anleitungen und Schnittmuster für einige Bogen-formen angegeben, für diejenigen, welche sich ihren Bogen selbst bauen wollen.

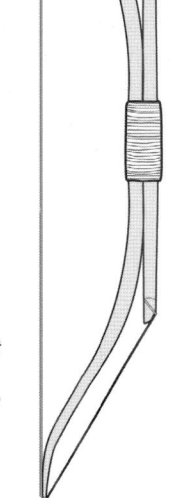

PENOBSCOT
Der Doppelbogen der Penobscot Indianer verkörpert ein hochentwickeltes „primitives" Design
Einer dieser Bogen ist 60 Zoll lang, vermutlich für einen Auszug von 22 bis 24 Zoll.

Für welchen Bogen soll man sich nun entscheiden?

Viele Bogenschützen haben Bogen mehrerer Typen und können auch gut mit ihnen schießen. Ich muss aber sagen, dass die besten Schützen zumindest eine ganze Weile bei einem Bogen bleiben, um sich mit ihm vertraut zu machen.

Lass mich noch einige Gedanken hinzufügen, um die Entscheidung zu erleichtern:
- wenn gute Ergebnisse und ein gleichmäßiges Trefferbild für dich wichtig sind, dann ist der englische Langbogen vielleicht nichts für dich.
- es gibt manche Veranstaltungen, bei denen nur Langbogen[4] geschossen werden dürfen (reine Longbow-Turniere), wenn du daran teilnehmen möchtest, brauchst du natürlich einen Langbogen.

Ich schlage vor, dass du mit einem Trainingsbogen anfängst, um dich mit dem Schießen zunächst vertraut zu machen.

Du musst erst einmal einen Schießstil entwickeln, ehe du dein sauer verdientes Geld für Bogen ausgibst, die schwieriger zu schießen sind und weniger Fehler verzeihen, sei es beim Schießen oder bei der Pflege des Bogens.

Hole dir von einem erfahrenen Bogenschützen Rat, was Schießtechnik und Sicherheit anbelangt. Wenn du Glück hast triffst du sogar jemanden, der dir einen geeigneten Bogen zur Verfügung stellt. Meiner Erfahrung nach helfen die meisten traditionellen Bogenschützen einem Anfänger gerne.

Ein mit Glasfaser belegter amerikanischer Langbogen oder Recurve ist gut für den Anfang. Wenn ich Probleme mit meiner Schießtechnik habe, greife ich gerne auf einen glaslaminierten Recurve zurück. Ich überdenke meinen Stil und Bewegungsablauf dadurch.

Deswegen ist es eine gute Sache, auch so einen Bogen im Haus zu haben.

---

4 Anm. d. Übers.: In England gibt es Turniere der „British Longbow Society", bei denen sogar nur englische Langbogen zugelassen sind. Im übrigen Europa sind solche Veranstaltungen eher die Ausnahme. Hier gibt es dagegen einige Turniere, bei denen in moderne Langbogen und Holzbogen unterschieden wird.

2. Auswahl und Kauf eines Bogens

2.1. Englischer Langbogen

Ein Langbogen ist etwas sehr Persönliches. Ich würde heute keinen englischen Langbogen mehr von der Stange kaufen, genauso wenig, wie ich mir ein gebrauchtes Paar Dritter Zähne kaufen würde, weil ich nie wüsste, wer sie getragen und was er damit alles gemacht hätte.

Wenn man es aber gar nicht mehr erwarten kann, seiner Bogen in die Finger zu bekommen, findet man bei einigen Fachhändlern eine begrenzte Auswahl an Bogen vorrätig. Mit den Richtlinien im Hinterkopf, die ich in diesem Kapitel darlegen werde, kann man vielleicht dort ein geeignetes Exemplar finden.

Trotzdem sollte man immer daran denken, dass die Lebensdauer und Leistungsfähigkeit eines Langbogens von seiner Behandlung abhängt.

- Ein guter Langbogen hat keinen starken permanenten Deflex (Stringfollow) in den Wurfarm. Verschiedene Hölzer entwickeln einen verschieden starken permanenten Deflex, und ein guter Bogen kann sich bei korrekter Lagerung auch wieder etwas erholen.

  Ein geringes Maß an Deflex ist kein Problem und ein Bogen kann dadurch beim Schießen sogar sanfter werden (nach der Faustregel sollte der Deflex aber nicht größer als 5 cm sein).

- Die Bogennocken sind gut ausgearbeitet und glatt. Die genaue Form ist zum großen Teil Geschmacksache, und jeder Bogenbauer favorisiert ein bestimmtes Design, das auch Teil seines Markenzeichens sein kann.

  Die Nockkerben müssen tief genug sein, damit die Sehne sicher sitzt, aber flach genug, damit der Bogen leicht zu entspannen ist.

  Wo die Sehne die Nocke berührt soll sie glatt poliert und ohne Kanten sein.

- Der Bogen ist dem Gebrauch entsprechend oberflächenbehandelt.

  Wenn du deinen Bogen bei schlechtem Wetter und in rauem Terrain benutzen möchtest, muss er entsprechend gut versiegelt sein.

  Frag deinen Händler, wie der Bogen am besten gepflegt werden muss.

- Prüfe, ob der Bogen den Bestimmungen der British Long Bow Society entspricht (die Bestimmungen kannst du im Anhang nachschlagen).

  Die Bestimmungen beziehen sich auf das Verhältnis von Bogenlänge zu Auszugslänge, die Nockform entsprechend der Wettkampfdisziplin u.s.w. und auf – und das ist das Wichtigste – das durchgängige Wurfarmprofil.

  Der Bogengriff darf nicht so geformt sein, dass sich eine Art Pfeilauflage ergibt, und die Wurfarme dürfen sich am Griff auch nicht verjüngen, um das Paradoxon zu verringern. Das entspricht nicht der traditionellen Bauweise eines englischen Langbogens.

Auswahl eines Bogenbauers und Bestellung des Bogens

Ich empfehle dir dringend, deinen Bogen von einem erfahrenen Bogenbauer* machen zu lassen.

Am besten suchst du dir einen Bogenbauer aus, von dem du schon Bogen gesehen hast, die dir gefallen haben und die dir von erfahrenen Bogenschützen empfohlen wurden. Bei einem persönlichen Gespräch kannst du dann deine Vorstellungen vorbringen.

Wenn du dir mit deiner Bestellung unsicher bist, kann dich ein erfahrener Bogenbauer bezüglich aller wichtigen Punkte beraten. Und die meisten Bogenbauer stimmen in den wichtigen Punkten überein, das soll dir ein Trost sein.

- Ein guter professioneller Bogenbauer, der etwas auf sich hält, wird einen vernünftigen Preis für einen bestimmten, mit dir abgesprochenen Bogen verlangen, den er nach deinen Anforderungen baut.
  Deshalb ist es wichtig, dass du genau überlegst, bei wem du bestellst.
- Die Lieferfrist eines guten Bogenbauers kann lang sein (für manche Dinge lohnt sich das Warten). Eine hochwertige Einzelanfertigung ist schon per Definition nun mal kein Massenprodukt.
  Deshalb wäre ich vorsichtig, wenn jemand damit angibt, schnell liefern zu können oder viele Bogen in kurzer Zeit zu bauen. Vielleicht musst du eine Teilsumme anzahlen. Auch professionelle Bogenbauer müssen ihren Lebensunterhalt verdienen!
- Traditionelle Bogen bestehen aus Naturmaterialien und werden von menschlicher Hand geformt. Wer ehrlich ist wird zugeben, dass ein Langbogen manchmal brechen kann und eine Garantie darauf geben.
  Es sollte dir klar sein, dass sie nur gilt, wenn du deinen Bogen gut pflegst, was vor allem für die Einschießzeit gilt.
  Man sagt, dass ein voll ausgezogener Bogen zu sieben Achteln gebrochen ist. Deshalb muss man ihn beim Schießen und Lagern sorgsam behandeln (siehe Kapitel 7).
- Der Bogen sollte genau für dich gemacht sein. Eine Einzelanfertigung sollte deinem Stil und deiner Auszugslänge angepasst sein, denn nur du allein solltest den Bogen schießen.
  Der Bogenbauer muss bereit sein, alle Einzelheiten mit dir abzusprechen.
  Bietet er dir einen 74 Zoll langen Bogen bei deinem 26 Zoll langen Auszug an, schaust du dich vielleicht besser woanders um…

---

* Eine Liste von eingetragenen Bogenbauern der englischen Langbogenbauergilde ist bei der BLBS erhältlich.

Bogenhölzer

Eibe von guter Qualität ist immer noch das beste Holz für englische Langbogen. Es stellt die perfekte Kombination von zugfestem Splintholz und druckfestem Kernholz dar. Zurzeit wird das meiste Eibenholz für den Bogenbau aus den USA importiert (Taxus brevifolia).

Es kann aber sehr schwer sein, erstklassige Rohlinge oder Eibenbogen zu bekommen und sie können sehr teuer sein. Manche sagen, dass die besten starken Bogen aus englischer Eibe gemacht sind (Taxus baccata). Darüber sind sich die Fachleute noch nicht einig – wie so oft bei Debatten über das Bogenschießen.

Heute sind die meisten Langbogen laminiert und haben eine Außenschicht (Backing) aus Hickory, Bambus oder Ahorn.

Teilweise sind auch noch andere Harthölzer in dem Bogen verarbeitet, um Lebensdauer und Leistungsfähigkeit zu erhöhen. Diese Bogen sind schnell und gut zu schießen.

Ständig probieren Bogenbauer die verschiedensten Hölzer aus, weswegen es niemals eine endgültige und abgeschlossene Aufzählung der Bogenhölzer geben kann.

Momentan werden überwiegend eine bestimmte Sorte Zitronenholz, verschiedene Arten von Buchsbaumholz, purple heart (Violetta), pequia, false acacia (Scheinakazie oder Robinie) und greenheart verarbeitet.

Diese Liste ändert sich ständig mit der Verfügbarkeit und dem Preis der Hölzer.

Für den Anfang...

Dem Anfänger rate ich, zunächst eine Weile einen Trainingsbogen zu schießen, bevor er sich einen (englischen) Langbogen bestellt. Man sollte erst seinen Schießstil entwickelt haben, bevor man sich einen Bogen nach bestimmten Eigenschaften aussuchen kann.

Übereile bei der Bestellung deines Bogens nichts.
Ein erfahrener Langbogenschütze kann dir bei der Ermittlung der Angaben helfen, die dein Bogenbauer für deinen Bogen benötigt. Unter Umständen bewahrt dich das vor teuren Fehlern.
Angehängt findest du einige grundlegende Punkte, über die du dir Gedanken machen musst.

➤ Zuggewicht

Der Kauf eines zu starken Bogens ist einer der größten Fehler, die man machen kann. Du wirst damit nicht nur Probleme (Müdigkeit) beim Schießen haben, sondern auch eine schlechte Form entwickeln (zum Beispiel hebst du deine Schulter hoch oder reißt die Sehne nach hinten, weil du Schwierigkeiten hast, den Bogen zu ziehen).
Andererseits solltest du aber auch keinen Bogen kaufen, der weit unter dem Zuggewicht liegt, das du bewältigen kannst. Wenn du den Bogen dann weiter ausziehst als vorgesehen, um auf ein höheres Zuggewicht zu kommen, wirst du ihn damit schwächen oder sogar durchbrechen.

➤ Auszugslänge

Der Bogen muss auf deine Auszugslänge bearbeitet sein. Deswegen musst du erst deinen Schießstil entwickeln, bevor du dir einen Bogen bestellst.
Der Bogenbauer muss wissen, ob du beim Weitschießen länger ausziehst als sonst oder ob du immer gleichmäßig schießt.

➤ Bogenlänge

Die Bogenlänge ist normalerweise der Auszugslänge angepasst.
Verallgemeinernd kann man sagen, dass ein längerer Bogen sich sanfter ausziehen lässt, während ein kürzerer Bogen meist etwas schneller wirft. Dafür neigen kürzere Bogen allerdings auch zum „Stacking".
Dazu kommt, dass die hohen Pfeilgeschwindigkeiten die Fehler des Bogenschützen eher verstärken.

➤ Schießstil

Es ist möglich, beim Bau eines Bogens den Schießstil des Schützen in Betracht zu ziehen. Wer seinen englischen Langbogen bei vollem Auszug lange hält, gehört nicht unbedingt zu den Lieblingen der Bogenbauer. Das lange Halten kann den Bogen ruinieren.

Unter Umständen muss der Bogen also etwas länger als normalerweise gearbeitet werden. Mach deinem Langbogenbauer also richtige Angaben.

➤ Rechts- oder Linkshand

Wenn du weißt, welches dein dominierendes Auge ist (siehe Kapitel 3), weißt du schon, woran du bist. Entsprechend bringt der Bogenbauer die Pfeilanlage an.

➤ Die verschiedenen Wettkampfarten

Das Zuggewicht, die Bogenlänge und andere Details deines Bogens hängen auch von der Turnierform ab, an der du gerne teilnehmen möchtest.

Dein Bogenbauer sucht für dich den optimalen Bogen für den jeweiligen Zweck heraus. Von den verschiedenen Verbänden werden verschiedene Turniere ausgetragen (speziell in Großbritannien: Die British Long-Bow Society verlangt an den Bogen Hornnocken für die meisten Disziplinen und eine bestimmte Bogenform).

Um an all den verschiedenen Veranstaltungen der unterschiedlichen Vereine und Verbände teilnehmen zu können, wirst du vielleicht mehrere Bogen haben wollen. Mit einem Universalbogen kannst du aber meistens überall teilnehmen.

Im Folgenden gebe ich einen Überblick, auf welche Weise die verschiedenen Turnierformen Einfluss auf die Wahl deines Bogens haben.

Feldschießen

Da die Ziele selten weiter als 40 Yards (ca. 35 m) entfernt stehen, braucht man hier keine unglaublichen Wurfgeschwindigkeiten, sondern einen Bogen, mit dem man gut zurechtkommt.

Manche Turniere gehen über zwei Tage und zuweilen sind dabei 120 und mehr genau gezielte Schüsse abzugeben! Bei so einem Turnier wird der Bogen über Berg und Tal getragen, in Büsche und Hecken gelegt und über Baumwurzeln geschleift. All das muss er vertragen können.

(Anm. des Hrsg: Das ist bei uns die häufigste Form von Turnieren für traditionelle Schützen, meist Tierbildauflagen oder 3-D-Tiere, unbekannte Entfernungen)

Scheibenschießen

Beim Scheibenschießen wird meist ein schwächerer Bogen als beim Distanz-schießen oder beim Feldschießen benutzt, da hier viele Pfeile in relativ kurzer Zeit geschossen werden müssen (144 bei der „doppelten englischen" Runde).

Wenn man hier einen zu starken Bogen hat, wird man also noch schneller müde als bei anderen Veranstaltungen.

Und das kann man sich nicht leisten, wenn man über die langen Distanzen gleich-mäßig gut schießen will.

Freies Feldschießen - Roving Marks[1]

Hier wird zum Teil auf Entfernungen von über 260 Yards (ca. 235 m) geschossen. Man braucht also einen stärkeren Bogen oder leichtere Flightpfeile (siehe Kapitel 5).

Hoyles[1]

Bei dieser Variante des Roving schießt man auf kurze Entfernungen auf natürliche Ziele wie Grasbüschel. Ein Allround-Bogen ist für dieses informelle Schießen gut.

Weitschießen - Flight (wird hauptsächlich in GB geschossen)

Zum Weitschießen muss der Bogen so stark wie möglich sein (80–85 lb).

Gerade so, dass man ihn noch schießen kann, ohne sich eine Verletzung zuzu-ziehen! Dazu braucht man unbedingt passende und gute Pfeile, sowie eine saubere Abzugstechnik.

Wenn das Zuggewicht des Bogens über 85 lb liegt, wird der Bogen vergleichs-weise uneffektiv, da dann die Wurfarme überproportional schwer (und damit langsam) werden und außerdem ein steiferer und damit auch schwererer Pfeil geschossen werden muss.

Holznocken machen den Bogen im Vergleich zu Hornnocken etwas schneller.

Es hängt ganz von dir ab, inwieweit du dich mit deinem Bogen quälen willst.

Viele Bogenschützen schießen einfach nur so mit, um zu sehen, wie weit sie mit ihrem Gerät kommen.

---

1 **Roving/Hoyles**: Der Schütze, dessen Pfeil dem Ziel am nächsten kommt, bestimmt das nächste Ziel. Diese Wettkampfform ist bei uns noch weitgehend unbekannt, in Italien gibt es aber schon regelrechte Roving-Runden.

Turniere mit schweren Pfeilen (ist nur in GB bekannt)

Will man schwere Pfeile, wie sie in den mittelalterlichen Kriegen benutzt wurden, über eine ordentliche Entfernung schießen (zum Beispiel beim BL-BS Turnier für „Standardpfeile", siehe Kapitel 5), wird man nicht an einem Bogen vorbeikommen, der einem die Eingeweide auf links dreht.

Ein Bogen über 100 lb reicht gerade für den Anfang. Um einen schweren Pfeil zu beschleunigen ist der lange Schub eines langen Auszugs nötig.

Die hier verwendeten Schlachtpfeile sind über 30 Zoll lang und haben eine schwere Bodkin[2]- oder Broadhead-Spitze[3]. Der Bogen, der auf diesen Auszug ausgelegt ist, hat eine Länge von über 74 Zoll. Durch die langen Wurfarme speichert der Bogen beim Auszug mehr potentielle Energie als ein kürzerer Bogen, die dann auf den Pfeil übertragen werden kann.

Die Schäfte sind oft besonders geformt, um ihre Balance und Flugeigenschaften zu verbessern (siehe Kapitel 5 und Anhang).

---

2 **Bodkin**: Stahlspitze zum Durchschlagen von Rüstungen mit drei- oder viereckiger Grundfläche. Die Spitze kann fingerlang sein und ist spitz geschliffen.
3 **Broadhead**: Spitze mit scharfen Schneiden und Widerhaken.

Tillerprofile des englischen Langbogens

Man kann Langbogen unterschiedlich tillern, so dass sie verschiedene Biegeprofile erhalten. Dies wiederum erzeugt bei den Bogen unterschiedliche Eigenschaften bezüglich Wurfleistung, Auszugsverhalten und Schießstabilität.

Wenn du an ein bestimmtes Biegeprofil denkst, solltest du das mit deinem Bogenbauer besprechen, denn dein Schießstil und der Einsatzzweck des Bogens sind von Bedeutung für das Profil. In Bezug auf den englischen Langbogen wirst du verschiedene Begriffe hören:

Pfeillinie

Geometrische Bogenmitte

War Bow (Kriegsbogen)

Er entspricht dem mittelalterlichen starken Langbogen, der sich kreisförmig biegt. Dieser Bogen wurde für militärische Zwecke entwickelt und er wirft schwere Pfeile, die Rüstungen durchschlagen konnten.

Kompass-Bogen

Ein Bogen der sich kreisrund biegt (wie ein Kompass). Diese Form eignet sich besonders für schwere Kriegspfeile und für das Weitschießen.

Das Design ist effektiv, und eventuelle Gerüchte, dass alle Bogen dieses Typs extrem in der Hand schlagen, sind übertrieben.

Die Bogen, die in der „Mary Rose" gefunden wurden, sind zwischen 72 und über 80 Zoll[4] lang und hätten dieses Profil beim Auszug gehabt.

---

4 **Ein Zoll** (inch) = 2,54 cm

Butt Bow

Ein leichterer Bogen, der zum Scheibenschießen benutzt wird.

Target Bow (Scheibenbogen)

Heute weisen die meisten Langbogen ein sogenanntes Scheibenprofil auf.

Dieser Name ist allerdings etwas irreführend, da dieser Typ einen sehr guten Universalbogen abgibt.

In einem Bereich von ungefähr 6 Zoll oberhalb und unterhalb des Griffs sind die Wurfarme steif.

Damit will man dem Bogen Stabilität geben. Die letzten Zoll der Wurfarme sind ebenfalls steif gehalten.

Horace Ford, der Vater des modernen Scheibenschießens, bevorzugte diesen Bogentyp und beschreibt ihn in seinem 1856 erschienenen Buch *Archery - Its Theory and Practice*.

Buchanan, ein Bogenbauer um 1850, erfand die „Dips", die man heute bei vielen englischen Langbogen sieht. Es handelt sich hierbei um eine Verstärkung des Bogens im Griffbereich, welche den Bogen im Griff tiefer macht und so zu mehr Stabilität beitragen soll.

Die verschiedenen Bogentypen können auch jeweils unterschiedliche Mittellinien (geometrische Mitte) haben.

Bei kreisförmigen Bogen läuft die Mittellinie oft durch die Mitte des Griffs, so dass beide Wurfarme auch gleich lang sind.

Bei Bogen der Scheibenform liegt die Mittellinie meist 1 bis 1,5 Zoll über der Mitte des Griffs. Dadurch ist der untere Wurfarm um diesen Betrag kürzer als der obere und muss etwas stärker ausgelegt sein, um der erhöhten Beanspruchung standhalten zu können.

Natürlich kann ein Bogen auch Merkmale von verschiedenen Bogenformen aufweisen. Das hängt von seinem Zweck und auch von seinem Holz ab. Vielleicht bevorzugt ein Bogenbauer auch eine bestimmte Form, da sie seiner Arbeitsweise entgegenkommt.

2.2. Amerikanischer Langbogen / Flachbogen

Was über den englischen Langbogen gesagt wurde, gilt grundsätzlich auch für den amerikanischen Langbogen.

Da es aber für diesen Bogentyp nicht so viele unterschiedliche Turnierarten gibt, kommt man meist mit einem Bogen aus, der auf den Auszug und den Schießstil des Schützen abgestimmt ist.

Man kann sich mittlerweile die Farbe des Glases und die verarbeitete Holzsorte für Wurfarme und Mittelteile aus dem breiten Angebot von Fachgeschäften und Bogenbauern aussuchen.

Die Auswahlkriterien sind hier ähnlich wie beim englischen Langbogen.

➤ Auszugslänge

Der amerikanische Langbogen ist normalerweise kürzer als der englische.

Deswegen wird er bei gleichem Zuggewicht schneller werfen. Ein 68 Zoll langer Bogen genügt für Auszugslängen von 28/29 Zoll. Wenn man kürzer zieht, kann man auch auf einen kürzeren Bogen zurückgreifen.

Wenn du dazu Fragen hast, wendest du dich am besten an deinen Bogenbauer.

Denk daran, dass ein längerer Bogen in der Regel leichter zu schießen ist, er aber meist etwas langsamer als ein gleich starker kürzerer Bogen wirft.

Mach dir bezüglich deiner Auszugslänge nichts vor.

Manche Bogenschützen behaupten, sie hätten einen Auszug von 28 Zoll, obwohl sie kaum ein Meter fünfzig groß sind (inklusive Plateau-Schuhe).

Natürlich ist so eine Auszugslänge für so eine Körpergröße ziemlich unwahrscheinlich, wenn seine Arme nicht gerade beim Stehen auf dem Boden schleifen.

Ich will damit nur sagen, dass es keinen Sinn hat, einen längeren Flachbogen als nötig zu bestellen. Der Bogen wird dadurch nur langsam. Andererseits soll der Bogen aber auch nicht zu kurz, sein, da er dadurch „stackt".

➤ Zuggewicht

Es gilt das gleiche wie für den englischen Langbogen: Er soll nicht zu stark sein.

➤ Das Design der Wurfarme

Die Alternativen zum geraden Bogen habe ich schon erwähnt.

Je schneller der Bogen, desto empfindlicher reagiert er auf Schießfehler.

Es gibt heute einige sehr schnelle Langbogen, was sich aber auch zum Nachteil auswirken kann!

→ Der Griff

Manche Bogen haben einen sogenannten Pistolengriff, ein Griff der geneigt ist und die Form der Hand unterstützt.

Ein solcher Anblick umwölkt einem echten Puristen die Stirn, da Pistolengriffe früher bei diesen Bogen nicht üblich waren.

Aber solange eine bestimmte Griffform nicht im Regelwerk vorgeschrieben wird, ist das eine Frage des persönlichen Geschmacks und der Bequemlichkeit.

Ein Pistolengriff kann dir eine Hilfe sein, die Handposition konstant zu halten.

2.3. Der moderne Recurvebogen

Grundsätzlich sind die Auswahlkriterien für den Recurve identisch mit denen, die bereits bei den anderen Bogentypen beschrieben worden sind.

Auch hier musst du auf das richtige Zuggewicht achten, wie bei jedem anderen Bogen auch. Ganz abgesehen von der Farbe des Glases und vom Aussehen des Bogens sind folgende Punkte wichtig:

→ Die Länge des Bogens

Normalerweise ist ein traditioneller Jagdrecurve 58–60 Zoll lang, also 6–8 Zoll kürzer als ein Scheibenrecurve, denn das Bogenfenster ist wegen der geringeren Entfernungen kürzer. Dadurch wirft er schneller und ist im Gelände leichter zu handhaben. Aber ein so kurzer Bogen kann auch sehr nervös sein. Ein kurzer Bogen kann auch im letzten Teil des Auszugs hart sein. Manche Designs haben allerdings große arbeitende Recurves wodurch das verhindert wird.

Bei einem kurzen Bogen und einem langen Auszug wird der Winkel der Sehne beim Schießen an der Zughand relativ spitz, so dass der Pfeil bei vollem Auszug zwischen den Fingern der Zughand eingeklemmt wird.

Dadurch kann er von der Pfeilauflage gehoben werden. Es gibt auch koreanische Recurves, die nur 50 Zoll lang sind.

→ Die Griffform

Die meisten Recurves haben einen Pistolengriff. Dieser Griff erzeugt zwar eine gleichmäßige Handhaltung auf dem Bogen, kann aber je nach Ausführung auch zu einem gestreckten Handgelenk führen.

Eine gestreckte Handhaltung kann bei längeren Turnieren ziemlich anstrengend sein, wenn man nicht regelmäßig trainiert. Du hast richtig gelesen, zum Bogenschießen muss man in guter Form sein!

Manche Bogen haben im Griffbereich sogar Mulden für jeden einzelnen Finger, um immer eine absolut identische Handhaltung zu gewährleisten.

⟶ Die Länge des Mittelteils

Die Länge des Mittelteils kann sehr unterschiedlich sein, je nachdem wie lang das Bogenfenster ist. Bei einem Jagdrecurve ist es meist kürzer als bei einem Scheiben-bogen.

Wichtiger ist aber die Länge der Wurfarme. Je länger sie sind, umso weicher und fehlerverzeihender ist der Bogen. Aber er wird mit zunehmender Länge auch lang-samer.

⟶ Wann man einen Bogen vom „Shelf" schießen kann

Beim instinktiven Schießen sollte der Pfeil möglichst nahe beim Handrücken liegen. Schau dir also an, wie das Bogenfenster geformt ist, anstatt später auf eine Pfeilauf-lage angewiesen zu sein, denn manche Bogen haben ein schräg abfallendes Shelf, so dass ein Pfeil nicht darauf liegen bleibt.

⟶ Teilbare Bogen (Take-Down)

Diese Bogen sind nicht nur besonders einfach zu transportieren, sondern man kann auch ihre Wurfarme tauschen, so dass man das Zuggewicht erhöhen kann, sobald die Schießtechnik besser geworden ist.

Allerdings sind Einteiler meist etwas schneller als teilbare Bogen. Einige Hersteller bieten das gleiche Bogenmodell als Einteiler und als teilbaren Bogen an. Der teilbare Bogen ist dann in der Regel etwas länger, da das Mittelteil länger ist.

⟶ Die Masse des Bogens

Das Eigengewicht des Bogens kann bei der Kaufentscheidung von Bedeutung sein. Manche Bogen haben große Mittelteile, die recht schwer sind. Denk daran, dass du den Bogen den ganzen Tag tragen musst, auch während eines Zwei-Tage-Turniers. Wenn dein Bogen zu schwer ist, kannst du schneller müde werden und du schießt dadurch vielleicht schlechter[5].

---

5 Der Übersetzer ist zusammen mit vielen anderen Bogenschützen der Meinung, dass ein Bogen mit hohem Eigengewicht wesentlich fehlerverzeihender ist als ein leichter Bogen, da er evtl. Bewe-gungen des Schützen dämpft.

3. Das dominante Auge

Es ist immer gut, den Pfeil unter das dominante Auge zu ziehen, egal welchen Stil man nun schießt. Das gilt sowohl für den Anfänger wie auch für den Fortgeschrittenen, der vielleicht extreme Schwierigkeiten beim Zielen hat, weil er sein dominantes Auge noch nicht bestimmt hat.

Wie man sein dominantes Auge bestimmt

Halte die Hände wie dargestellt und blicke durch die Handöffnung auf einen Gegenstand, der etwa zehn Meter entfernt ist. Dabei sind beide Augen geöffnet.

Während du die Augen offen lässt, ziehst du deine Hände langsam zu dir hin, bis sie das Gesicht berühren. Während der ganzen Zeit schaust du dabei auf deinen Zielgegenstand. Die Handöffnung befindet sich dann automatisch vor deinem dominanten Auge.

Es gibt noch eine andere Testmethode, welche die Wichtigkeit des dominanten Auges beim Zielen zeigt:

Mit ausgestrecktem Arm zeigst du auf einen Gegenstand, der wieder etwa zehn Meter entfernt ist. Ohne den Arm zu bewegen, schließt du dann abwechselnd jeweils ein Auge. Wenn du dein dominantes Auge offen hast, wird dein Finger immer noch auf den Zielgegenstand zeigen. Ist es geschlossen, „springt" er zur Seite.

In seltenen Fällen läßt sich kein dominantes Auge feststellen. Dann hast du die Wahl zwischen einem Rechtshand- und einem Linkshandbogen. Einige Bogenschützen schließen dann ein Auge beim Schießen. Andererseits kann der Mensch nur dann gut Entfernungen schätzen, wenn er beide Augen offen hat. Auf Turnieren mit unbekannten Entfernungen ist das eine unter vielen Anforderungen, weswegen man schon aus diesem Grund unbedingt beide Augen offen lassen sollte!

Wenn du aus physischen Gründen deinen Bogen nicht auf der dominanten Seite ziehen kannst, wird sich der bildverarbeitende Mechanismus deines Gehirns mit der Zeit daran gewöhnen. Das wird anfangs aber etwas Zeit und Mühe kosten. Vielleicht hilft es dir, wenn du anfänglich erst mal beim Zielen dein dominantes Auge schließt. Manche können glücklicherweise sowohl rechtshändig als auch linkshändig schießen, andere lernen das mit der Zeit.

4. Abstimmung des Materials - Tuning

Tuning?

Bei diesem Wort denkt man normalerweise nur an High-Tech Compounds oder FITA-Bogen mit verstellbaren Pfeilauflagen, Stabilisatoren und dergleichen.

Weit gefehlt!

Man muss auch bei traditionellen Bogen sein Material sehr genau abstimmen, es sei denn, man schießt einen der gutmütigen Bogen mit Centerschnitt oder einen Bogen, der sogar über die Mitte geschnitten ist.

Das Tunen ist unumgänglich, wenn die Pfeile sauber aus dem Bogen herauskommen und auch in die Richtung fliegen sollen, in die sie gezielt worden sind.

Ehe ich anfange…

Was jetzt gleich folgt, scheint eine recht komplizierte Herangehensweise an das traditionelle Schießen zu sein. Schließlich stand den mittelalterlichen Bogenschützen auch nicht das heutige wissenschaftliche Know How zur Verfügung. Aber diese Leute waren andererseits auch Berufsschützen, die von Kindesbeinen an schossen und entsprechend viel Zeit in das Training investiert haben.

Die nachstehenden Regeln sollen dem Schützen ein Basiswissen an die Hand geben, mit dem er konstant und genau schießen kann, indem er diejenigen Variablen beseitigt, die jene zerbrochenen Pfeile und diese niederschmetternden Ergebnisse verursachen.

Das Schöne am traditionellen Bogen besteht ja darin, dass das Schießen – hat man sich einmal mit dem Bogen angefreundet - viel abenteuerlicher wird. Schließlich gibt es keine Auszugslängenkontrolle und Zugreduzierung, die den Schießstil belasten können.

In anderen Kulturen wird auf die Materialabstimmung nicht so viel Wert gelegt. Stattdessen werden bereits die Kinder dazu ermutigt, früh mit dem Schießen anzufangen.

Ein erfahrener instinktiver Schütze kann bereits nach kurzer Eingewöhnungsphase mit einer fremden Ausrüstung akkurat schießen.

Alle, die nicht so viel trainieren können (oder keine natürliche Begabung besitzen), nehmen natürlich alle Hilfe in Anspruch, die sie kriegen können.

In dem Fall wird das Nachstehende nützlich sein. Das ist alles wirklich nicht so kompliziert. Es bedarf lediglich ein wenig Zeit und Mühe, aber der Erfolg rechtfertigt den Einsatz allemal und Tuning macht auch Spaß.

Die Faktoren beim Tuning

Alles, was mit Tuning zu tun hat, hängt auch mit dem Paradoxon des Bogenschießens siehe Kapitel 1.1. zusammen, und das sind:

1. Biegesteifigkeit des Pfeils (Spine), Pfeilgewicht, Pfeillänge, Befiederung
2. Standhöhe des Bogens
3. Sehnengewicht, Anzahl der Stränge
4. Lage des Nockpunkts
5. Der richtige Sitz der Nocke auf der Sehne

Diese unterschiedlichen Faktoren beeinflussen sich auch noch untereinander, zum Beispiel hat die Standhöhe einen Einfluss auf die Lage des Nockpunkts.

Es kann vorkommen, dass Pfeile auf einmal sauber fliegen, wenn nur die Standhöhe geändert wird.

Um sein Material gut abzustimmen, braucht man aber zuerst eine gute Schießtechnik. Ein glatter Abzug / sauberes Lösen (was es so selten gibt) ist also nicht nur gut für eine Traumpunktzahl.

4.1. Pfeilgewicht und Spinewert (siehe auch Kapitel 5)

Du kannst dich schon mal darauf einstellen, mit verschiedenen Spinewerten, Spitzen-gewichten und Befiederungsgrößen herumspielen zu müssen.

Zunächst einmal muss der Pfeil zu deiner Auszugslänge passen. Ein Pfeil, der zu lang ist, fliegt schlecht und ein zu kurzer Pfeil ist schlichtweg gefährlich (die Spitze kann im Bogen aufsetzen und der Pfeil beim Abschuss brechen).

Wenn man Langbogen unter 40 Pfund schießt, kann das Tunen der Pfeile zu einem besonderen Problem werden, da der Pfeil immer noch biegsam genug sein muss, um am Bogengriff vorbeizukommen.

Hat man einmal den passenden Pfeil gefunden, muss man seine Werte und Daten (Spinewert siehe Kapitel 5 „Spinetester") festhalten, damit man sich die gleichen Schäfte wieder besorgen kann.

Wichtig ist auch, dass die Pfeile eines Satzes gleich schwer sind. Sie sollten innerhalb einer Gewichtstoleranz von 10 grain liegen (15,5 grain = 1 Gramm).

4.2. Die Standhöhe des Bogens

Die Standhöhe ist beim Tunen ziemlich wichtig. Die (richtige) Standhöhe ist nicht nur für die Lebensdauer des Bogens von Bedeutung, sondern wirkt sich auch auf den Pfeilflug und das Abschussgeräusch aus.

Was kann passieren, wenn die Standhöhe zu niedrig ist?

- Der Pfeil schlägt beim Abschuss seitlich an den Bogen.
- Der Pfeil trudelt im Flug.
- Die Sehne schlägt an den Armschutz, was Abschussenergie kostet.
- Der Bogen schlägt im Abschuss ins Handgelenk (Handschock).
- Wenn die Standhöhe viel zu niedrig ist, kann der Bogen brechen.
- Recurves können sehr laut werden, sie sind meist ohnehin lauter als Lang- oder Flachbogen.

Ein niedrig gespannter Bogen gibt etwas mehr Energie auf den Pfeil, als ein höher gespannter Bogen, aber das ist nicht so gut für den Bogen. Er schießt sich auch sensibler, als mit einer größeren Standhöhe.
Als Faustformel für die optimale Standhöhe gilt:
So tief wie möglich, aber so hoch wie nötig, um einen sauberen Pfeilflug zu erhalten und den Bogen nicht zu beschädigen.

Früher wurde die Standhöhe mittels des Faustmaßes (Fistmele) gemessen.
Das ist nicht ganz verlässlich, da es eben keine Standard-Faust gibt.
Es ist besser, seine Pfeile so zu kennzeichnen, dass bei aufgespanntem Bogen der Strich auf dem Pfeil auf Höhe des Bogenrückens ist.

Fistmele (Faustmaß)
Das Fistmele war ursprünglich eine Maßeinheit, die einer geballten Faust entsprach.
Später wurde es ein Maß, um die Standhöhe der Sehnen nachzumessen, wenn man den Daumen ausstreckt.

4.3. Die Sehne

Wurfgeschwindigkeit und Bogensensibilität sind auch von der Strangzahl der Sehne abhängig. Je weniger Stränge die Sehne hat (je dünner sie ist), umso schneller wird der Bogen.

Natürlich darf die Sehne nicht so schwach werden, dass sie reißt (siehe Kapitel 6). Aber eine Sehne, die zu dick ist, macht den Bogen unnötig langsam.

Ein kritischer und sensibler Bogen kann durch eine dickere Sehne etwas „beruhigt" werden, er wird durch sie langsamer.

Beim Weitschießen braucht man eine so dünne Sehne, wie man es gerade noch vertreten kann - hier spart man auch bei der Länge der Mittelwicklung.

Bei veränderter Strangzahl muss dann auch die Nockgröße der Pfeile angepasst werden, damit sie weiterhin gut auf der Sehne sitzen. Das spielt nicht nur für einen guten Pfeilflug eine Rolle.

Ein zu loser Sitz der Nocke auf der Sehne kann einen Leerschuss verursachen, sitzt die Nocke zu stramm, kann die Sehne direkt unterhalb des Nockpunktes verletzt werden. Unter der Mittelwicklung sieht man die Beschädigung nicht – bis es zu spät ist.

4.4. Der Nockpunkt

Man braucht einen gleichbleibenden und dauerhaften Nockpunkt, um akkurat schießen zu können. Wenn sich eine neue Sehne nach ein paar Schuss gedehnt hat, und sich die Standhöhe nicht mehr verändert, bringt man einen vorläufigen, verschiebbaren Nockpunkt an.

Lage des Pfeils

3 mm

90°

Anfänglicher Ausgangspunkt
bei der Nockpunktbestimmung
(Der endgültige Nockpunkt liegt meist zwischen
10 und 14 mm über dem 90° Winkel)

Dieser vorläufige Nockpunkt soll sich ungefähr $1/8$ Zoll (3 mm) oberhalb der Stelle befinden, wo der Pfeil einen rechten Winkel mit der Sehne bildet, der auf der Pfeilauflage angelegt wird.

Als erste, einfache Kontrolle sollte ein Freund darauf achten, ob der Pfeil bei vollem Auszug rechtwinklig zum Mittelteil steht und nicht nach oben oder unten geneigt ist. Denk aber daran, englische Langbogen und andere Holzbogen nicht zu lange im vollen Auszug zu halten.

Allerdings reicht dieser Test nicht aus. Wenn du deine Finger zum Beispiel nicht ganz gleichzeitig löst, kann dein optimaler Nockpunkt auch höher liegen.

Eine falsche Nockpunktposition zeigt sich am Einschlagwinkel der Pfeile in der Scheibe an. Außerdem „reitet" der Pfeil im Flug, das Pfeilende beschreibt eine Auf- und Abbewegung.

Der Pfeil kann auch schmerzhaft am Fingerknöchel während des Abschusses anschlagen, wenn er beim Abzug „abtaucht" (beim Schießen ohne Pfeilauflage z.B. engl. Langbogen oder andere Holzbogen).

Pass auf, dass du den Pfeil mit den Fingern der Zughand beim Ziehen nicht einklemmst, was auch eine Fehlerursache sein kann.

Verändere die Position des Nockpunkts immer nur geringfügig und schieße auf unterschiedliche Entfernungen so lange, bis du mit dem Pfeilflug zufrieden bist. Erst dann bringst du einen dauerhaften Nockpunkt an.

Manche Bogenschützen bringen ober- und unterhalb des Nockpunkts eine Wicklung an, der Pfeil sitzt dann zwischen diesen beiden Wicklungen.

Meiner Ansicht nach reicht die obere Wicklung allein aus. Der Sehnenwinkel drückt die Nocke beim Auszug gegen die obere Wicklung.

Der Nockpunkt kann aus verschiedenen Materialien bestehen:

Zahnseide
Der ideale Werkstoff, er ist billig und widerstandsfähig und hat eine handliche Verpackung. Nachdem die (ungewachste) Seide gewickelt ist, kann man sie mit einem Tropfen Schnellkleber versiegeln.

Messingringe
Diese Ringe sind innen mit einer Gummierung versehen, um eine Beschädigung der Sehne zu vermeiden. Sie werden mit einer speziellen Nockpunktzange befestigt. Ich finde, dass sie an einem traditionellen Bogen nichts zu suchen haben.

Eingeflochtener Nockpunkt
Ein dünnes Kabel (zum Beispiel Angelschnur) kann durch die Stränge der Sehne geflochten werden. Dieser Nockpunkt ist sehr langlebig, kann aber nicht gut verschoben oder wieder entfernt werden.

4.5. Der Sitz des Pfeils auf der Sehne

Die Nocken müssen sicher, aber nicht zu fest auf der Sehne sitzen. Ein zu enger Nock-schlitz verursacht nicht nur einen schlechten Pfeilflug, sondern kann auch die Sehne unter der Mittelwicklung beschädigen.

Sitzt die Nocke hingegen zu lose, besteht die Gefahr eines Leerschusses, was den Bogen ruinieren kann.

Achte auf das richtige Maß, wenn du deine Pfeile selbst baust und die Nocke direkt in das Holz einsägst. Man kann auch die Mit-telwicklung der Sehne dicker machen, damit der Pfeil gut, aber nicht zu straff sitzt.

Anpassen der Nocke an die Sehne

Lege den Pfeil auf und halte den Bogen dann so, dass der Pfeil mit der Spitze nach unten hängt. Wenn der Pfeil jetzt schon herunter-fällt, ist die Nocke zu lose.

Bleibt der Pfeil hängen, schlägst du mit Mit-tel- und Zeigefinger leicht aber schnell auf die Sehne neben der Nocke. Jetzt muss der Pfeil abfallen. Bleibt er hängen, sitzt er zu fest.

Kunststoffnocken kann man durch Anwärmen in warmem Wasser verformbar machen.

Wenn sie warm sind, nockst du sie auf der Sehne ein und lässt sie dort, bis sie abkühlen. Danach überprüfst du den Sitz noch ein-mal.

Bist du draußen auf dem Parcours und musst dort deine Nocken richten, solltest du das unter keinen Umständen mit den Zähnen ver-suchen. Du kannst sie aber mit deinem Atem anwärmen und sie dann zwischen Daumen und Zeigefinger zusammendrücken.

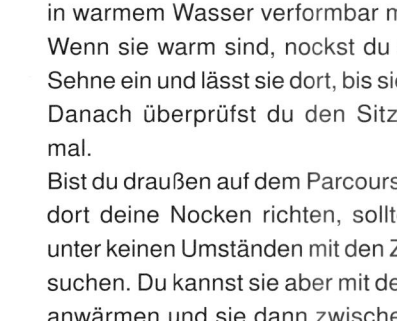

4.6. Das Zubehör

Pfeilauflagen (bei Flachbogen und Recurves)
Beim instinktiven Schießen sollte der Pfeil so nah wie möglich an der Hand liegen. Bei manchen Billigbogen ist die Pfeilauflage so schief gearbeitet, dass man sie nicht als solche benutzen kann.

Man hat in solchen Fällen zwei Möglichkeiten:
- man formt mit Kunstharz, Holz oder Leder eine brauchbare Pfeilauflage.
- man bringt eine selbstklebende Pfeilauflage an.

Eine selbstklebende Pfeilauflage muss robust und stabil genug sein, dass sie auch die relativ schweren Holzpfeile vertragen kann. Manche der elaborierteren Modelle halten nicht einmal zwei Minuten.
Bei Turnieren solltest du außerdem eine Ersatzpfeilauflage griffbereit haben. Beim Wechsel der Auflage musst du den Nockpunkt neu bestimmen.

Wenn du direkt von der Pfeilauflage, dem „shelf" (der Unterkante des Bogenfensters) schießt, kannst du dort ein Leder anbringen, damit der Bogen nicht verkratzt wird und der Pfeil leiser aus dem Bogen rauskommt.
Es kann auch ein Stück Fell oder Teppich sein, sollte aber auch hier der Beanspruchung standhalten können.

Der Fingerschutz (Tab)
Bei manchen Modellen ist der Schlitz zwischen Zeige- und Mittelfinger nicht weit genug geschnitten, so dass der Tab im Auszug auf den Pfeilnock drückt und der Pfeil von der Auflage gehoben wird.
Mit einem scharfen Messer kann man diesen Schlitz vergrößern, bis er passt.
Auch sollte man den Fingerschutz so kürzen, dass er nur die Finger bedeckt und nicht übersteht.
Damit der Fingerschutz bei Regen nicht völlig durchweicht (nicht nur der britische Sommer kann sich als Wasserschlacht entpuppen), habe ich meinen Tab mit einem silikonhaltigen Pflegemittel[1] behandelt. So bleibt mein Tab auch im Regen „wasserdicht" und geschmeidig, was für einen glatten Abzug unerlässlich ist.

---

1 Anm. d. Übers.: All denjenigen, die im Mundwinkel ankern, würde ich von einer solchen Behandlung mit Silikon abraten. Silikon ist recht ungesund, ich würde es nicht in den Mund stecken. Eine Alternative wäre ein gutes Lederfett oder -öl, das auch dem Schießhandschuh gut tut.

Der Schießhandschuh

Der Schießhandschuh muss gut passen, weswegen du beim Kauf auf die richtige Größe, Machart und das richtige Material achten musst.

Da sich der Handschuh noch weitet, kann er anfangs ruhig etwas klein sein.

Es gibt einfach und zwiegenähte Handschuhe aus den unterschiedlichsten Lederstärken, woraus ein unterschiedlich gutes „Gefühl", aber auch ein unterschiedliches Schmerzempfinden resultiert!

Tabs und Schießhandschuhe müssen erst eine gewisse Zeit eingeschossen werden, genauso, wie man neue Schuhe erst eintragen muss.

Du solltest einen schon eingeschossenen Ersatzfingerschutz dabei haben, für den Fall, dass du deinen alten verlierst oder er sich gerade dann in seine Bestandteile auflöst, wenn du auf dem besten Weg zu deiner Traumringzahl bist.

Der Armschutz

Die meisten Traditionalisten haben einen Volllederarmschutz mit einer Lederschnürung. Ich empfehle eine gute Lederqualität.

Die Außenseite sollte möglichst glatt sein, damit die Sehne (sollte sie aus Versehen am Arm anschlagen) leicht abgleitet.

Der Daumenring

Wenn du einen kurzen oder mongolischen Recurve hast, wirst du ihn vielleicht mit der dazugehörigen Technik schießen wollen, die Sehne also mit dem Daumen ziehen und lösen. In dem Fall muss der Daumen auch geschützt werden.

Der Daumenring muss gut sitzen, sonst ist er sehr unbequem und der Ablass wird leiden. Am besten macht man sich seinen eigenen Ring (Siehe Kapitel 9).

5. Pfeile

Pfeilnocke

Befiederung

Befiederungsbereich

Bemalung
(Cresting)

Schaft

Pfeilspitze
(Scheiben-
spitze,
Blunt oder
Jagdspitze)

Gute Pfeile sind der Schlüssel zum wirklich erfolgreichen Schießen. Man kann auch mit einem alten, ausgenudelten und (bis zu einem gewissen Grad) verzogenen Bogen sein Ziel treffen, wenn man nur richtig hinhält.

Wenn du aber umgekehrt einen guten Bogen mit herausragenden Wurfeigenschaften hast, auf dem du Pfeile schießt, die nicht zu dem Bogen passen, wirst du dich damit abfinden müssen, im Unterholz nach ihnen zu suchen.

Will man in seinem Rahmen möglichst gut schießen, sollte man dafür sorgen, dass das Material entsprechend ist.

Du wirst schnell merken, dass die ganze Thematik um den Pfeil – die beste Befiederung, das beste Spitzengewicht und der optimale Schwerpunkt der Pfeile – Gesprächsgegenstand Nummer eins unter traditionellen Bogenschützen ist.

Bilde dir deine eigene Meinung und finde heraus, was für dich selbst am besten funktioniert. Du kannst deine Meinung auch laut aussprechen und vertreten, sei aber auf Gegenmeinungen vorbereitet.

Der Spinewert der Pfeile muss nicht nur zum Bogen passen, sondern auch auf den Schießstil des Schützen abgestimmt sein. Beides ist für den Pfeilflug wichtig.

Ich muss nicht extra betonen, dass alle Pfeile den gleichen Spinewert, das gleiche Gewicht, Befiederung und die gleiche Spitze haben müssen. Alle guten Bogenschützen, egal ob sie instinktiv schießen oder Systemschützen sind, haben gleichmäßige und zueinander passende Pfeile.

5.1. Holzschäfte

Die Treffgenauigkeit und unter Umständen auch die Gesundheit des Bogenschützen hängt von der Qualität des Schaftes und des Holzes ab. Der Pfeil muss dem Druck des Bogens beim Abschuss standhalten. Zerbricht er beim Lösen, kann das ein sehr nachhaltiges Erlebnis sein.

Achte beim Aussuchen von Rohschäften oder Rohmaterialien darauf, dass die Maserung gerade und durchgängig ist und mindestens zwei Jahresringe über die ganze Länge des späteren Pfeils ununterbrochen durchlaufen.

Das Holz soll keine Äste, Löcher, Harztaschen oder Fugen zeigen.

Port Orford[1] Zeder (Chamaecyparis Lawsoniana) war jahrelang bei allen Pfeilmachern am beliebtesten, denn es ist in Relation zu seinem Gewicht relativ fest.

Unglücklicherweise sind gute Qualitäten in größeren Mengen nicht billig zu haben. Alternativen fallen meistens schwerer aus. Eschenschäfte sind sehr gut und sehr belastbar, aber aufgrund ihres hohen Gewichts nur etwas für zugstarke Bogen.

Aus Douglasie, Hemlock und aus verschiedenen Nadelhölzern können auch gute Pfeile gemacht werden.

Holzschäfte aus Vierkanthölzern

Ich habe die Herstellung von Holzschäften im Folgenden bebildert dargestellt, damit all diejenigen eine Anleitung haben, die sich ihre Schäfte aus Vierkanthölzern selbst machen wollen. Fußbodendielen (Weichholz) aus viktorianischer oder gregorianischer Zeit eignen sich hervorragend dazu. Wenn man gutes Holz zur Hand hat, lohnt es sich auf jeden Fall.

Schäfte aus Vierkanthölzern herstellen:

Eine Führungslade mit einer Rille, die an einem Ende geschlossen ist.

Man bearbeitet die scharfen Kanten und rundet so den Vierkant allmählich ab.

Schleifpapier

Um dem Schaft den letzten Schliff zu geben, benutzt man eine solche Klapp-Lehre.

---

1 **Port Orford**: Ein Ort an der amerikanischen Westküste, wo diese Zedernart wächst.
2 **Ein engl. Pfund** (pound) = 453,59 Gramm

Beachte: Pfeilholz muss gut abgelagert sein. Wenn das Holz zu feucht ist, wird sich der Schaft verziehen und nicht gerade bleiben. Er schießt sich dann auch eher wie eine Schlangengurke.

Eine Feuchte zwischen 11 und 13 % sollte das richtige Maß sein, egal ob luft- oder kammergetrocknet (siehe auch Kapitel 8 und 9 über das Trocknen von Holz).

5.2. Der Spinewert und seine Bedeutung

Das Paradoxon des Bogenschießens verlangt, wie schon beschrieben, von den Pfeilen nicht nur eine gewisse Biegsamkeit, damit der Pfeil um das Mittelteil herumkommt, ohne daran anzuschlagen, sondern auch eine gewisse Steifigkeit (und Befiederung), damit sich der Pfeil nach Verlassen des Bogens auch schnell wieder ausrichtet.

Der richtige Spinewert des Pfeils ist abhängig von dem Zuggewicht deines Bogens, deiner Schießtechnik und der Abstimmung deines Bogens (Sehne, Standhöhe etc., siehe Kapitel 4).

Was sagt der Spinewert aus?

Normalerweise wird der Spinewert nach einem in den USA gebräuchlichen System ermittelt und angegeben (nach AMO).

Dabei wird der Schaft in der Mitte mit einem Gewicht von zwei englischen Pfund[2] belastet und die entstehende Durchbiegung gemessen.

Der Schaft liegt währenddessen auf zwei 26 Zoll voneinander entfernten Punkten auf. Ich kenne aber auch einen Zulieferer, der mit einem 28 Zoll Abstand misst. Frag also lieber nach, denn es macht einen großen Unterschied!

Auf dem Schaft wird dann die Bogenstärke angegeben, für die dieser Schaft geeignet sein soll. Das ist an sich natürlich nicht ganz richtig, da ja jeder Bogen unterschiedlich gut wirft.

Aber im Moment ist es das einzig existierende Klassifizierungssystem für Holzschäfte. Normalerweise kauft man die Schäfte im Dutzend, wobei sie grob (und das bedeutet wirklich grob) in fünf Pfund Abstufungen eingeteilt sind (z.B. 40–45 lb). Ein Set guter Pfeile sollte so abgestimmt sein, dass die Toleranzen im Spinewert möglichst gering sind (± 2 lb).

Zuggewicht und Spinewert

Für englische Langbogen und überhaupt jeden Bogen ohne Pfeilauflage, kann man die Faustregel aufstellen:

Der Spinewert des Schaftes sollte nur $^2/_3 - ^3/_4$ des aktuellen Zuggewichts auf deinem Auszug betragen.

Bogen mit einem Schussfenster oder einer ausgeschnittenen Pfeilauflage, also in der Regel Recurvebogen und amerikanische Lang / Flachbogen benötigen Pfeile, die im Spinewert dem Zuggewicht des Bogens entsprechen oder etwas steifer sind.

Du musst vielleicht ein wenig herumprobieren, bis du den optimalen Pfeil gefunden hast, der zu deinem Bogen und zu deiner Schusstechnik passt.

Dabei nummerierst du deine Testpfeile und schießt sie so lange, bis du den Besten heraussortiert hast. Diesen Schaft kannst du nun im Spinetester ausmessen und damit deinen Spinewert festlegen.

Graphische Zuordnung von Zuggewicht und Spinewert

Der unten abgebildete Graph zeigt, wie der Spinewert mit steigendem Zuggewicht korreliert (basierend auf dem AMO-System).

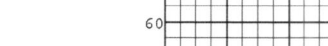

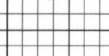

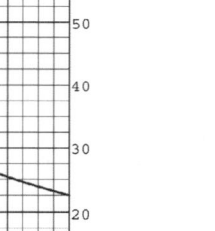

Pfeildurchbiegung in Zoll (basierend auf einem Recurve)

45

Aus dem vorher Gesagten wird klar, dass es sich um eine grobe Zuordnung handelt.

In einigen Kulturen wird dieses ganze Thema nicht so wissenschaftlich angegangen. Stattdessen ermitteln Schützen und Pfeilhersteller den Spine, indem sie den Schaft mit den Händen biegen. Das erfordert einige Erfahrung.

Die Grafik gilt für die westliche Schießmethode für einen Recurve. Wenn du mit einem Daumenring den Pfeil von der „falschen" Seite des Bogen schießt, wirkt sich das natürlich auf das Paradoxon des Bogenschießens aus und damit auch auf den passenden Spinewert. Viel Spaß beim Testen!

Die Folgen eines falschen Spinewerts

Die unten stehenden Betrachtungen gelten für einen Rechtshandschützen, für Linkshandschützen gilt entsprechend das Umgekehrte.

Ein Pfeil, der zu steif ist, wird nach links abweichen, einer der zu biegsam ist, nach rechts. Beide werden eventuell im Abschuss am Bogen anschlagen, weil sie sich nicht richtig um den Bogen herum winden. Sie fliegen unruhig.

Wenn ein Pfeil viel zu steif ist, kann man nur wenig tun, um ihn noch zu retten: Man kann lediglich etwas Holz abschleifen, um ihn etwas weicher zu machen. Aber am besten macht man sich neue Pfeile mit einem passenden Spine. Wenn ein Pfeil zu lang ist, reagiert er wie ein zu weicher Schaft. Wahrscheinlich wird er ebenfalls beim Abschuss den Bogen berühren.

Ein zu langer Pfeil ist auch schwerer als nötig und setzt die Energie des Bogens daher nicht gut in Geschwindigkeit um.

Sichtkontrolle

Kontrolliere, ob alle deine Pfeile Macken an der gleichen Stelle haben.

Das wäre ein Zeichen für einen gleichmäßigen Schießstil, aber einen durchgängig falschen Spinewert.

Kleinere Korrekturen

Mit einer etwas leichteren Spitze reagiert dein Schaft wie ein etwas steiferer, mit einer schwereren Spitze wie ein weicherer Schaft.

Kontrolliere deine Pfeillänge, besonders dann, wenn dein Pfeil am Bogen anschlägt. Ich habe mal gehört, dass ein Schaft durch zusätzliche Lackschichten etwas steifer wird, konnte das aber durch Ausprobieren nicht befriedigend bestätigen.

Die Pfeilspitze soll bei vollem Auszug komplett über die vordere Bogenkante hinausragen.

Was den Spine sonst noch beeinflusst

Die Biegesteifigkeit des Pfeils ist nicht allein vom Spinewert abhängig, sondern wird auch beeinflusst durch:

- **die Pfeillänge:** Ein längerer Pfeil reagiert weicher, ist biegsamer
- **das Spitzengewicht:** Je schwerer die Spitze, desto weicher reagiert der Schaft
- **den Pfeilschwerpunkt und die Form des Schaftes.**

Die Größe und der Schnitt der Federn spielen auch noch eine Rolle, wenn man den Pfeilflug verändern will. Und das ist noch lange nicht das Ende der Fahnenstange.

Bis jetzt sind wir davon ausgegangen, dass du Scheibenschießen oder Feldschießen willst. Beim parabolischen, indirekten Schießen (Clout) oder beim Weitschießen, ist ein steiferer Schaft und sind leichte Spitzen (um das Pfeilgewicht zu reduzieren) vielleicht besser. Das kannst du nur durch Versuche herausfinden.

Mehr darüber, wie du einen Flightpfeil herstellst, findest du an späterer Stelle in diesem Kapitel.

Das Pfeilgewicht

Die Flugeigenschaften eines Schaftes hängen von seinem Spine und seinem Gewicht ab. Deine Pfeile mögen vielleicht alle den gleichen Spine haben, aber der Bogen überträgt seine potentielle Energie in Abhängigkeit vom unterschiedlichen Pfeilgewicht auf den Schaft.

Es geht also nicht nur darum, dass ein schwerer Pfeil nicht so weit fliegt.

Damit die Pfeile gleichmäßig fliegen, sollten sie alle gleich schwer sein, am besten innerhalb einer Toleranz von 10 grain. Deswegen wiegst du die Schäfte, ehe du sie zu Pfeilen verarbeitest.

Du kannst das Schaftgewicht verringern, indem du einfach Material wegnimmst, aber dadurch kann auch der Spine beeinflusst werden.

Deshalb kontrollierst du die Biegesteifigkeit nach dem Schleifen noch einmal. Wenn man das Spitzengewicht verändert, um die Gesamtmasse des Pfeils zu beeinflussen, wirkt sich das auf die dynamische Biegesteifigkeit (und den Balancepunkt) des Pfeils aus. Das ist also keine gute Idee.

Gewichtsangaben

Früher wog man Pfeile nach der alten viktorianischen Maßeinheit, dem Gewicht der alten Münzen (so entstanden Ausdrücke wie „ein 5-Shilling-Pfeil").

Heute werden Pfeile in grain gewogen. Entsprechende Waagen findest du in guten Bogenfachgeschäften. Achte aber darauf, dass die Waage im richtigen Bereich wiegt. Pfeilgewichte von über 800 grain sind bei schweren Schäften mit Broadheads oder Bodkins nichts Ungewöhnliches. (800 grain = 51.4 Gramm).

5.2. Pfeile – Der Spinewert und seine Bedeutung

Gewicht: 2 lb (engl.Pfund)

56 cm

14 cm

15 cm

11,4 cm

91,4 cm

Bau eines Spinetesters

Es gibt nur eine Möglichkeit festzustellen, wie steif deine Pfeile wirklich sind:
Leih, kauf oder bau dir einen Spinetester und miss deine Pfeile selbst nach.
Was ich hier vorstelle ist schon ziemlich anspruchsvoll, aber leicht und für wenig
Geld herzustellen und aus Materialien, die man überall bekommt.
Um das Ziffernblatt zu beschriften, wirst du eine Mikrometer-Messuhr brauchen.

A: **Grundplatte:** 18 mm Sperrholz

B: **Pfeilauflageblöcke:** Ich habe sie mit Langschlitzen versehen, so dass ich sie auf der Grundplatte verschieben kann.
Der Verschiebebereich ist für Pfeile von 22 bis 32 Zoll ausreichend.
Ich fixiere die Blöcke mit Flügelmuttern (siehe Zeichnung), die auf Bolzen geschraubt werden, welche in der Grundplatte sitzen. Auf der Grundplatte sind Markierungen angebracht, so dass ich die Auflageblöcke immer gleich zueinander einstelle, damit das Messgewicht in der Mitte des Schafts hängt.

C: **Drehbare Pfeilauflagen** (Rollen mit Nuten)

D: **Lager / Scharnier am Pfeilauflageblock mit E:** Einer Stellschraube, mit der man den Pfeil auf Nullstellung ausrichten kann.
Ich habe den Kopf der Stellschraube abgerundet, so dass er etwas „daumenfreundlicher" ist. Die Stellschraube läuft durch ein Gewinde im Auflageblock.

E: **Lager für die Wippe.** Kann ein einfaches Gleitlager sein.

F: **Ausleger** (Stift), der auf dem Pfeil liegt.

G: **Gegengewicht des Zeigers.** Es ist nötig, damit der Zeiger nicht zusätzlich auf den Schaft drückt.

H: **Zeiger** (du kannst einen alten Pfeil benutzen)

J: **Ziffernblatt.** Schneide dir ein 30 x 55 cm großes Sperrholzbrett zurecht und befestige es provisorisch am Tester.
Wenn du die Skalierung aufgebracht hast, kannst du es in Form schneiden.
Die Striche auf dem Ziffernblatt markierst du, indem du eine Messuhr unter dem Ausleger G anbringst.
Du fängst bei einer Auslenkung von Null an und gehst in 0.25 Zoll Schritten (6,35 mm) nach unten, insgesamt um 1 Zoll (25,4 mm). Mach das mehrere Male, um ganz sicher zu gehen.

K: **Gewicht von zwei englischen pounds.** Nimm ein Bleigewicht oder schneide von einem zwei pounds Hammer den Stiel ab. In den Reststiel kannst du einen Schraubhaken drehen.

5.3. Die Befiederung

Ein paar Gedanken zu Federn

Vögel fliegen auch heute noch wie eh und je mit Hilfe ihrer Federn, sie haben nun mal keinen Plastikpropeller. Deshalb haben Plastikfedern (Fahnen) auch nichts an traditionellen Bogen zu suchen. Dazu kommt außerdem:

- da Federn weich sind, geben sie nach, wenn der Pfeil im Flug an den Bogen schlägt oder einen Zweig berührt
- sie haben Tradition
- sie sehen gut aus
- sie hören sich sogar gut an!

Ein traditioneller Bogen schreit natürlich auch nach einer traditionellen Befiederung. Aber die legendären grauen Gänsefedern der guten alten Zeit sind heute nur noch schwer zu bekommen.

Wenn du eine Quelle für Gänse-, Truthahn-, oder Schwanenfedern auftun kannst, dann sammle die großen Schwungfedern der Flügel.

Halte sie gegen das Licht und du erkennst die Öllinie in den Federn. Behalte nur die Federn, die eine gute Öllinie haben, denn der äußere Umriss deiner Feder muss innerhalb dieser Linie liegen.

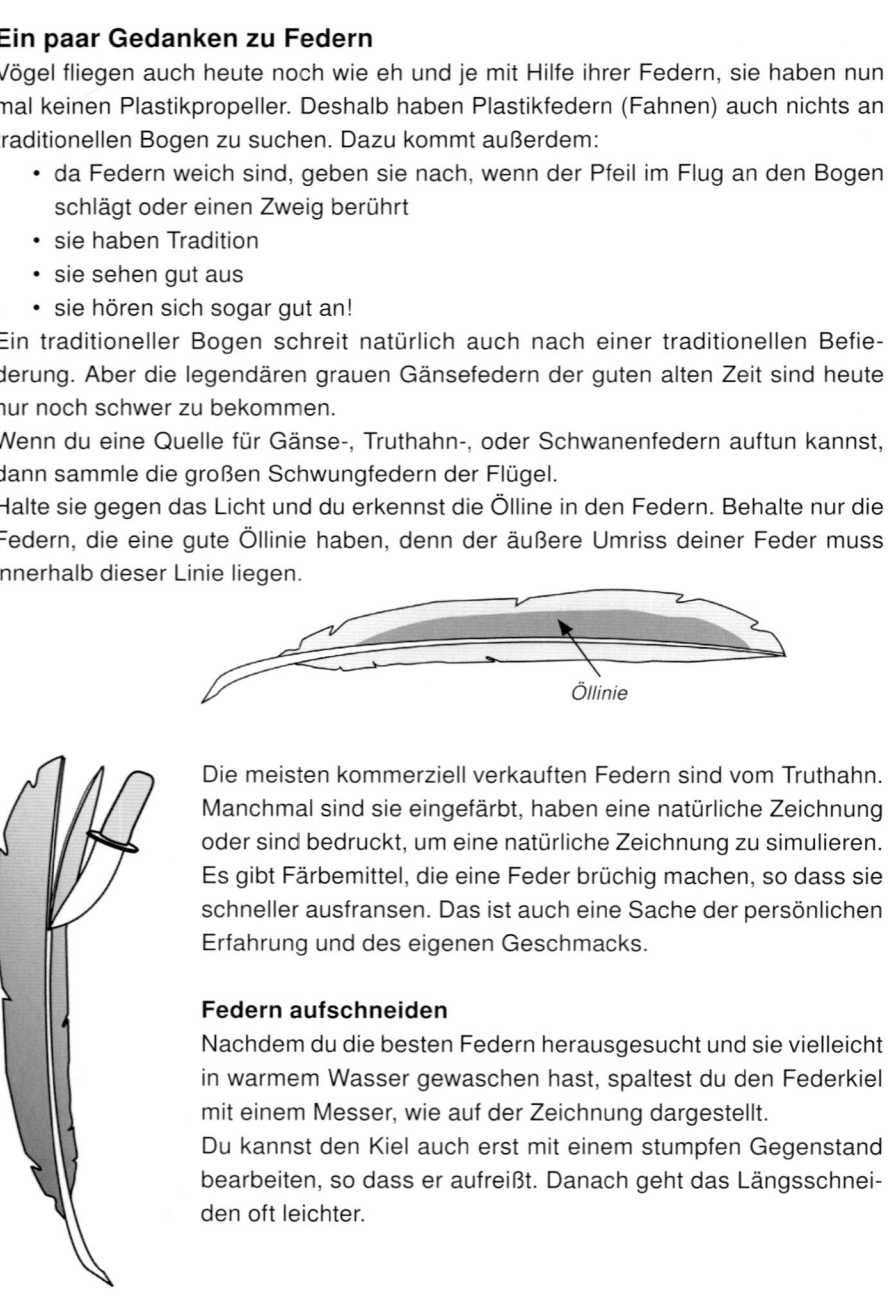

Öllinie

Die meisten kommerziell verkauften Federn sind vom Truthahn. Manchmal sind sie eingefärbt, haben eine natürliche Zeichnung oder sind bedruckt, um eine natürliche Zeichnung zu simulieren. Es gibt Färbemittel, die eine Feder brüchig machen, so dass sie schneller ausfransen. Das ist auch eine Sache der persönlichen Erfahrung und des eigenen Geschmacks.

Federn aufschneiden

Nachdem du die besten Federn herausgesucht und sie vielleicht in warmem Wasser gewaschen hast, spaltest du den Federkiel mit einem Messer, wie auf der Zeichnung dargestellt.

Du kannst den Kiel auch erst mit einem stumpfen Gegenstand bearbeiten, so dass er aufreißt. Danach geht das Längsschneiden oft leichter.

Federn spalten

Federn lassen sich auch auseinander ziehen. Sie passen sich dann besonders gut der Schaftoberfläche an.

Man braucht Übung um eine Feder auseinander zu ziehen, sonst beschädigt man leicht den Kiel.

Es eignen sich nur frische Federn für diese Methode, da der Kiel austrocknet, wenn er lange liegt und dann zu hart wird. Wenn du deine Federn auf diese Weise teilen willst, musst du sie vom äußeren Ende her mit gleichmäßiger Kraft in Richtung Ursprung auseinander ziehen. Übung macht den Meister. Das kann man auch mit kommerziellen Federn voller Länge machen.

Federformen schneiden

Schneidest du mit einem Messer, muss der Schnitt ganz gleichmäßig sein, sonst stehen die Federfahnen auseinander, wenn du die Feder auf den Schaft klebst. Am besten lässt du die Feder noch auf voller Länge, denn erst nach dem Schneiden des Kiels stellt sich heraus, welcher Teil der Feder am besten zu gebrauchen ist.

Mit einem zweiten Schnitt verringerst du die Breite des Kiels. Auch dieser Schnitt muss sauber sein.

Man kann die Feder auch erst seitlich bearbeiten und anschließend den Kiel teilen. Was immer dir leichter fällt.

Du schneidest die Feder von beiden Seiten her auf die optimale Länge zu.

Die Feder kann mit einer Schere in Form geschnitten werden. Es ist auch möglich, dazu eine Schablone zu benutzen. Wenn du zittrige Hände hast, bringst du einen Klebestreifen auf der Feder an, auf dem du die Form aufmalen kannst. Die Anspruchsvollen benutzen eine Federstanze für das Schneiden der Form.

Es gibt auch Brennschneider, die eine gute, wenn auch modernere Alternative dazu darstellen.

Im weiteren Verlauf dieses Kapitels gehe ich noch auf die verschiedenen Feder-
formen ein.

Um einen glatten Federkiel zu erhalten, musst du vielleicht die Feder in eine Klammer
einlegen und den Kiel mit Schleifpapier glätten. Jeder Buckel im Kiel führt dazu, dass
die Federfahnen auseinander stehen.

Federn färben

Hast du weiße Truthahnfedern, kannst du sie färben, nachdem du sie in Form ge-
bracht und gewaschen hast.

Chemische Reinigungsmittel empfehle ich dazu nicht, da sie die Feder entfetten und
somit schwächen können.

Nimm ein Kaltfärbemittel, denn auch durch langes Kochen kann die Öllinie der Feder
zerstört werden und außerdem sehen sie hinterher aus, als kämen sie von einem
überfahrenen Vogel.

Nach dem Färben spülst du sie in reichlich klarem Wasser, trennst sie voneinander
und legst sie zum Trocknen aus, am besten auf einem Handtuch.

Wetterbeständigkeit

Federn haben einen großen Nachteil: Bei Regen legen sie sich flach und kleben am
Schaft (wer könnte ihnen das übel nehmen?).

Man kann die Federn mit einem silikon- oder wachshaltigen Mittel einsprühen (pu-
dern), um sie wetterfest zu machen. Übertreibe es aber nicht!

Sicht von der rauen
Seite der Feder
aus gesehen

*Es gibt rechts- und linksgewundene Federn, je
nachdem von welchem Flügel sie geschnitten
wurden.*

*Ein Pfeil sollte immer mit Federn einer Sorte
befiedert werden, damit er sauber fliegt und
im Flug rotiert.*

*Wichtig: Für eine Drallbefiedrung muss das
Befiederungsgerät korrekt auf die Windung der
Feder justiert werden.*

Linksgewundene
Feder

Rechtsgewundene
Feder

Die Größe und Form der Federn

Es kommt nicht nur auf die Optik, sondern auch auf die Funktion an.

Generell sieht eine große Befiederung gut aus, klingt schön und ist etwas fehlerverzeihender als eine keinere Befiederung.

Große Federn richten den Pfeil schnell aus, was bei einem schlechten Abzug von Vorteil ist, aber sie sind auch langsamer. Wenn man unter 40 yards schießt, sollte das nichts ausmachen. Es kann sogar ein Bonus sein, wenn der Schaft schnell stabilisiert wird.

Die Größe der Feder ist dabei bedeutender als ihre Form. Allerdings kosten die Formen mit kantigen Federenden etwas mehr Energie.

Die Sache mit dem Dreh

Pfeile rotieren im Flug um ihre Längsachse, da Federn eine raue und eine glatte Seite haben, die der vorbeiströmenden Luft unterschiedlichen Widerstand bietet.

Diese Drehung wird verstärkt, wenn die Federn schräg in einem leichten Winkel zur Pfeilachse aufgeklebt werden. Darauf werde ich an späterer Stelle in diesem Kapitel noch eingehen.

Durch die Rotation wird der Schaft schneller ausgerichtet, wenn er einmal aus dem Bogen heraus ist und frei fliegt. Eine spiralförmig aufgebrachte Befiederung (Helix oder Drallbefiederung) verstärkt diesen Effekt noch.

Ursprünglich war diese Art der Befiederung für schwere Jagdschäfte mit großen Broadheads gedacht. Durch die Spiralform wird der Schaft sehr schnell ausgerichtet.

Es gibt zu einigen Befiederungsgeräten spezielle links- oder rechtsgewundene Klammern, mit denen man eine helische Befiederung herstellen kann.

Ob diese Befiederung nun ein Vorteil ist oder nicht, ist eine der großen Streitfragen, weshalb ich hier auch nur (m)eine Meinung äußern kann:

Eine gedrehte Befiederung macht den Pfeil langsamer, was aber bei den kürzeren Entfernungen beim Feldschießen (im Gegensatz zum Scheiben- oder Weitschießen) nicht so sehr ins Gewicht fällt.

Also wird der Geschwindigkeitsverlust durch den Gewinn an Flugstabilität mehr als ausgeglichen. Bogenschützen mit einem ruppigen Abzug sollten sich das besonders zu Herzen nehmen.

Ein Pfeil wird nämlich auch durch einen schlechten Flug langsamer. Ein frühes Ausrichten des Schafts im Flug kann also nur gut sein.

Verschleiß an der Feder

Unabhängig von deiner Befiederungsart wirst du vielleicht bald feststellen, dass an deinen Pfeilen immer eine ganz bestimmte Feder ausfranst. Meistens berührt diese Feder den Bogen im Abschuss. Vielleicht bringt eine Veränderung der Standhöhe Abhilfe. Wenn das nicht hilft, kannst du es mit einer flacher geschnittenen Feder versuchen, die, um gleich gut zu stabilisieren, länger sein muss.

Eine andere Möglichkeit besteht darin, den Nock auf dem Pfeil etwas zu drehen, aber die neueren Befiederungsgeräte sind dafür meist nicht ausgelegt.

Außer Form geratene Federn kann man wieder herrichten, wenn man sie in heißen Wasserdampf hält. Dadurch richten sich die Federn wieder auf und bekommen ihr ursprüngliches Aussehen. Pass aber auf, dass du bei der Aktion die Plastiknocken nicht abschmilzt.

Käufliche Federformen

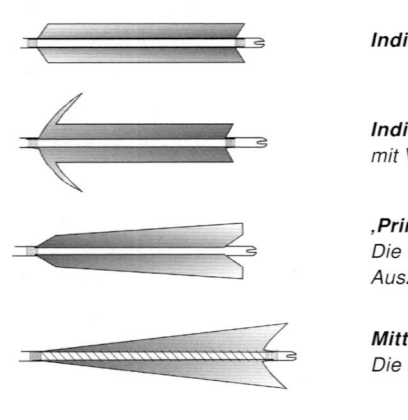

Schildform
es gibt sie in verschiedenen Varianten.

Parabolform
sie ist die gebräuchlichste Form und in den verschiedensten Größen erhältlich.

Maxi-Fletch' *oder Ballonform, auch ,Saubuckel' genannt.*

Alternative Federformen

Indianischer Schnitt

Indianischer Schnitt
mit Verzierungen. Zum Teil hatten die Federn auch Kerben.

,Primitiver' Schnitt
Die Enden der Federn waren gestutzt, damit sie bei vollem Auszug das Gesicht nicht berührten.

Mittelalterliche Form
Die Feder wurde an den Schaft gewickelt.

Mittelalterliche Form *mit ,Drallbefiederung'*

5.4. Unterschiedliche Pfeiltypen und ihre Verwendung

Scheibenschießen

Weil beim Scheibenschießen längere Distanzen geschossen werden (40–100 yards, je nach Runde), und weil die Bogen dabei in der Regel schwächer sind, fallen auch die Pfeile leichter aus und werden mit 3-Zoll-Federn bestückt (Parabol - oder Schild- form).

Die Pfeile müssen in Gewicht und Steifigkeit gleich sein und genau zum Bogen passen. Mit stärkeren Bogen (60 lb und mehr) können auch größere Federn geschossen werden. Das liegt ganz bei dir und du solltest dir nichts daraus machen, wenn die anderen sagen, dass du ganze Truthähne am Stück verschießt.

Bemerkung: Beim Scheibenschießen darfst du keine Broadheads verwenden, es sei denn, dies ist ausdrücklich erlaubt. Normalerweise schießt man Kugelspitzen, welche die Scheiben nicht so sehr kaputt machen.

Feldschießen

Beim Feldschießen sind die meisten Ziele weniger als 40 yards entfernt. Deshalb spielt Genauigkeit hier eine größere Rolle als Geschwindigkeit und Wurfleistung. Als Faustregel gilt, dass für Pfeile bis 28 Zoll Länge 4-Zoll-Federn genommen werden und für längere Pfeile 5 Zoll oder noch längere Federn. Als "echter" Traditionalist schießt du vielleicht Pfeile mit 6 Zoll Federn aus deinem 90 Pfund Langbogen - das wird sich gut anhören (du musst allerdings damit rechnen, dass du dir damit einige kritische Bemerkungen einfängst).

Frag die Turnierveranstalter, ob sie was gegen deinen starken Bogen haben - manche sehen das nicht gerne - und da sie die Arbeit haben, ist es nur recht und billig, dass du anfragst.

Feldspitzen sollen ein zu tiefes Eindringen des Pfeils verhindern. Die Praxis sieht allerdings manchmal etwas anders aus, und du brauchst ein stabiles Messer, um deine Pfeile aus irgendwelchen Bäumen herauszuholen, die zur Unzeit in deine Schuss- richtung gelaufen sind.

Clout[3]

Bei Turnieren der British Long-Bow Society schießen die Männer auf eine Distanz von 180 yards und die Frauen auf 120 yards. Man braucht leichte Pfeile mit kleinen Federn, wenn man mit einem schwachen Bogen so weit kommen will. Teilweise sind auch die Schäfte modifiziert. Dazu später mehr in diesem Kapitel.

---

3 **Clout**: Ein indirektes, parabolisches Schießen auf eine in den Boden gerammte Stange mit einer Fahne daran. Historischer Ursprung ist das Schießen auf feindliche Heerscharen im Mittelalter.

Roving Marks

Hierbei werden lange Entfernungen trainiert. Es hat einen historischen Hintergrund. Man schießt auf im Boden steckende Stangen, und die Distanzen liegen zwischen 160 und 300 yards.

Bogenschützen benutzen normalerweise verschiedene Pfeile mit unterschiedlichen Federn und unterschiedlichem Spitzengewicht für die verschiedenen Entfernungen. Wichtig ist meiner Meinung nach aber, dass man seine Schäfte mit weithin leuchtenden Federn versieht. Das hilft dir nicht nur selbst beim Finden, sondern rettet deine Pfeile auch vor den Horden von Schützen, die den Wettkampf entscheiden, indem sie ihn einfach „austreten".

Roving

Roving ist eine traditionelle Art des Trainings.

„Hoyles" wie z.B. Baumstümpfe, Grasbüschel oder irgendetwas Anderes, gelten als Ziel und der Schütze, der mit seinen Pfeilen dem Ziel am nahesten kommt, kann das nächste Ziel bestimmen.

Für dieses Schießen braucht man Blunts, Judo-Spitzen und Flu-Flus (die Herstellung von Flu-Flus ist am Kapitelende beschrieben).

Weitschießen

Es zählt nur die Entfernung! Die Pfeile sind ziemlich speziell und ein Kapitel für sich (siehe das Kapitel über Flightpfeile).

„Standard" Pfeile

Mit diesen Pfeilen werden in der British Long-Bow Society Wettkämpfe im Weitschießen ausgetragen.

Die Pfeile sind den mittelalterlichen Kriegspfeilen nachempfunden (ein Thema für sich). Im Jahre 1521 fanden Wettkämpfe für „Standardpfeile", „Bearing-Pfeile" (man weiß heute nicht, wie dieser Pfeil bemessen war) und Flightpfeile statt.

Standardpfeile haben normalerweise einen kleinen Broadhead (vom Type 16 des Londoner Museums) oder eine Bodkinspitze, die auf einem dicken Schaft steckt. Genaue Daten findest du im Anhang.

5.5. Wie man einen Satz guter Pfeile herstellt

Die Pfeilkomponenten

→ **Schäfte**

Über den Spine habe ich schon geredet. Die Schäfte werden in der Regel in den Größen $5/16$ und $11/32$ Zoll angeboten, manchmal auch in $23/64$ und $3/8$ Zoll. Schäfte der Dicke $3/8$ Zoll sind aus Harthölzern, wie z.B. Esche zu bekommen. Man schießt solche Schäfte auf den zugstarken Bogen und als ‚Standardpfeile' in der British Long-Bow Society.

→ **Befiederung**

Pfeile sollten durchgängig mit links- oder mit rechtsgewundenen Federn bestückt sein. Wenn man mit einer gewundenen Klammer befiedert, muss die Klammer auch zur Feder passen (Windungsrichtung).

Die Feder wird so aufgeklebt, dass der Luftstrom über die raue Seite der Feder fließt. Das unterstützt die Rotationsbewegung des fliegenden Pfeils und der Schaft richtet sich schnell aus. Am Anfang sollte man eine leuchtende Befiederung verwenden, um gelegentliche Ausreißer leichter wiederfinden zu können.

→ **Nocken**

Kunststoffnocken erhält man in allen Größen und Farben. Die Hersteller bieten auch verschiedene Formen an. Die Nocken dürfen besonders innen keine scharfen Gußränder haben, da sonst die Sehne unter der Mittelwicklung verletzt werden kann. Diese Schwachstelle ist nicht sichtbar, bis es zu spät ist. Das gilt besonders für eng sitzende Nocken.

Bei allen Nocken sollte der Sitz auf der Sehne geprüft werden (s. Kapitel 4). Wie man eine Nocke in den Pfeil selbst einschneidet (Selfnocke), werde ich im späteren Verlauf dieses Kapitels erklären.

→ **Spitzen**

Spitzen gibt es in verschiedenen Größen, Formen und Gewichten. Manche haben eine zylindrische, manche eine konische Bohrung. Entsprechend muss man den Schaft zur Aufnahme der Spitze vorbereiten.

Das Spitzengewicht wird nach alter Väter Sitte in grain angegeben. Das Gros der Spitzen wiegt 100 oder 125 grain, kleine Spitzen sind manchmal auch leichter. Die Spitzen passen auf $5/16$, $11/32$ oder $23/64$ Schäfte.

Es gibt auch Bluntspitzen (stumpf), Gummiblunts, Judospitzen, Heulspitzen und besonders leichte Spitzen für das Weitschießen.

Man kann eine normale Spitze auch abschleifen, um einen Blunt daraus zu machen oder um sie leichter zu schleifen, wenn das Material dick genug dafür ist.

Verschiedene Schafttypen

A. Parallel: *Der Schaft ist zylindrisch*

$5/16$"

$5/16$"

$5/16$"

$11/32$"

$11/32$"

B. Bobtailed
der Schaft verjüngt
sich zum Nock hin.

C. Barrelled *der Schaft ist in der
Mitte am dicksten und verjüngt
sich zur Nocke und zur Spitze hin.*

D. Breasted / Chested
*Eine Variante des Barrelled
Taper, bei der der dickste
Bereich Richtung Nocke
verschoben ist.*

$3/8$"

$5/16$"

$5/16$"

Moderne Spitzenformen

Kugelspitze

Feldspitze

Judospitze

*Entwickelt, um die Pfeile in
hohem Gras nicht zu verlieren.*

Konische Spitzen

Blunt *(stumpfe Spitze)*

Gummiblunt

*zum Schießen auf Baumstümpfe und zur Jagd auf
Kleinwild. Patronenhülsen können als Bluntspitze
verwendet werden (z.B. passen 38er und 9-mm-
Hülsen auf einen $11/32$" -Schaft).*

Man nehme...

Die folgende Rezeptur ist für die Herstellung eines Dutzends Pfeile gedacht, wie man sie beim Feldschießen benutzt.

Am Ende des Abschnitts zeige ich auch Alternativmöglichkeiten auf. Nach etwas Übung kannst du dich für die von dir bevorzugte Methode entscheiden.

Zutaten

- 1 Dutzend Schäfte, ausgewogen und gespined
- 1 Dutzend Spitzen mit konischer Bohrung, zum Schaft passend
- 1 Stange Heißkleber
- 1 Dutzend Nocken
- 3 Dutzend Federn
- 1 Tube Kleber mit feiner Dosierspitze (Uhu Hart geht gut)
- PU- oder Acryl- Lack
- wasserfester Stift zum Markieren der Schäfte
- starker Zwirn für die Wicklung der Federn

Werkzeug

- Befiederungsgerät
- kleine Handsäge
- Konussschneider für Nock- und Spitzenkegel
- eine Kombizange
- Stahlwolle oder feines Schleifpapier
- offene Flamme

Wahlweise

- Farben für das Cresting[4]
- Crestingbank
- Beize
- Tauchrohr für Lack

---

4 **Cresting**: Farbringe im hinteren Bereich des Schafts, um dem Schaft eine individuelle Note zu geben.

Arbeitsanweisung

1. Zuerst wird festgelegt, welches Ende des Schafts das vordere und welches das hintere sein soll. Dazu musst du dir den Verlauf der Maserung anschauen. Schneidet die Maserung die Oberfläche des Schaftes, sollten die Ausläufer der Maserung zum hinteren Ende zeigen. Das verringert das Verletzungsrisiko für den (seltenen) Fall, dass der Schaft im Abschuss brechen sollte und dadurch die Holzsplitter in deine Bogenhand stechen.

2. Kürze den Schaft am vorderen Ende, wenn du es dir bezüglich deiner Auszugslänge erlauben kannst, um ca. 1 Zoll. Die Stoßenden der Schäfte sind manchmal beschädigt, das Holz kann ausgetrocknet sein oder Risse bekommen haben. Bei einer Auszugslänge von über 30 Zoll kannst du den Schaft allerdings nicht kürzen.

3. Schneide jetzt den Spitzenkegel mit dem Konusschneider auf den Schaft und prüfe den Sitz der Spitze. Achte darauf, den Schneider gerade auf dem Schaft zu führen.

4. Mit Azeton oder Spiritus entfettest du die Spitze innen (Wattestäbchen).
   Schneide ein paar Bröckchen vom Heißkleber ab und wirf etwas davon in die Spitze, die du dann über der Flamme erhitzt. Dazu nimmst du am besten die Zange, sofern du nicht Asbestfinger hast.
   Du erwärmst die Spitze in einer weichen Flamme, bis der Kleber flüssig, aber nicht überhitzt ist (ausprobieren).

5. Den Schaft drückst du nun in die Spitze, wobei du ihn drehst, damit sich der Kleber gut verteilt. Achte dabei auf einen geraden Sitz der Spitze. Das kannst du am besten kontrollieren, indem du den Schaft in der Handfläche rotieren lässt oder an ihm entlangschaust. Den Heißkleber kann man noch einige Sekunden lang nachrichten.
   Wenn die Spitze gut sitzt, kannst du sie in einem Wasserbad abkühlen.
   Manchmal brauchst du das Wasser allerdings auch, um deine Finger zu kühlen! Der überschüssige Heißkleber kann später entfernt werden.
   Es kann sein, dass die Spitzen auch wieder vom Schaft runter hüpfen wollen, weil etwas Luft zwischen Schaft und Spitze eingeschlossen wurde.
   Damit diese Luft entweichen kann, feilst du rechtzeitig eine kleine Kerbe in den Schaftkegel.

6. Jetzt kannst du den Schaft ablängen. Normalerweise misst man die Pfeillänge vom Nockboden bis zum Übergang Schaft / Spitze.

7. Mit dem Konusschneider schneidest du den Nockkegel auf den Schaft. Achte auch hier auf eine gerade Führung des Schneiders.

8. Wenn du den Schaft beizen oder das hintere Ende färben willst, solltest du es jetzt tun (siehe Punkt 12).

9. Du musst die Nocke so aufkleben, dass die Sehne des Bogens später rechtwinklig zur Maserung des Schafts steht (von hinten betrachtet).
   Das Aufkleben selbst machst du wie bei der Spitze: Etwas Kleber in die Nocke geben und die Nocke drehend auf den Schaft fügen.
   Manche Schützen lackieren ihren Schaft vor dem Befiedern. Ich befiedere zuerst, da der Lack die Federn zusätzlich am Schaft fixiert.

10. **Befiedern:** Zuerst stellst du das Befiederungsgerät richtig ein. Das machst du am besten in einem Trockendurchlauf ohne Kleber.
    Du legst eine Feder in die Klammer des Gerätes ein und setzt die Klammer auf den Schaft, der sich bereits im Gerät befindet. Die Feder schiebst du jetzt so lange in der Klammer hin und her, bis das hintere Ende der Feder den gewünschten Abstand vom Nockboden hat (ca. $1/2$ bis 1 Zoll). Wenn die Feder richtig sitzt, markierst du die Klammer an dieser Stelle mit einem Strich (damit du später alle Federn auf die gleiche Höhe kleben kannst).
    Du gibst nun eine dünne Schicht Kleber auf den Federkiel und setzt die Feder vorsichtig auf den Schaft. Die Trockenzeit hängt natürlich vom verwendeten Kleber ab. Die heutigen Kleber sind meist recht schnell trocken, weshalb du bei deinem Gerät sitzen bleiben kannst, während du ein oder zwei Tassen Tee trinkst!
    Bemerkung: Zu viel Kleber ist genauso schlecht wie zu wenig, außerdem sieht es nicht gut aus.

11. Die Schnittenden der Federkiele sind äußerst spitz und scharf.
    Damit du dir diese Enden nicht in die Hand stichst, solltest du die Enden mit Zwirn überwickeln (das ist für alle Bogen wichtig, die über den Finger als Pfeilauflage geschossen werden).
    Eventuell musst du vorher, um einen weichen Übergang zum Schaft zu erhalten, den Federkiel noch mit einem Skalpell oder sehr scharfen Messer nachschneiden. Diese Wicklung verhindert auch, dass sich die Feder vom Schaft ablöst, wenn der Pfeil mal durch eine Scheibe dringt oder sich im Boden eingräbt.

Man kann das Federende auch mit einem Tropfen Kleber versiegeln, ich empfehle aber die Wicklung.

*Beispiel **linksgewundene Feder**:*
Hier liegt die rauhe Oberfläche oben

*Die **Leitfeder** (Hahnenfeder) steht im rechten Winkel zur Nockrille.*

***Helix:** Die Federn winden sich spiralförmig um den Schaft (das Bild zeigt eine linksgewundene Feder)*

12. **Cresting und Markierung:** Es ist eine gute Sache, seine Pfeile mit seinem Namen und mit Nummern zu markieren. In manchen Verbänden ist das sogar ein Muss. Wie du das nun genau machst, liegt bei dir. Manche Bogenschützen färben den hinteren Teil des Schafts, indem sie ihn vor dem Befiedern in ein mit Lack gefülltes dünnes Rohr tauchen.

    Andere bringen ein Cresting mit Hilfe einer Crestingbank auf. Die Bank dreht den Schaft um die Längsachse und so kann man die Farbringe gleichmäßig und schnell aufmalen. Gute Bänke sind im Handel erhältlich, aber man kann sich auch mit einem Elektromotor aus dem Modellbau seine eigene basteln. Manche benutzen auch elektrische Schraubendreher, und wenn man eine sichere Hand hat, kann man den Pfeil auch in einem Auflageblock selbst drehen.

    Nützlicher Hinweis: Bringe einen Farbstreifen so auf, daß der Rücken des ge spannten Bogens genau mit dieser Markierung bei aufgelegtem Pfeil überein stimmt. So kannst du mit Hilfe des Crestings die Standhöhe deines Bogens immer kontrollieren und bemerkst einen Sehnenriss oder Bogenbruch rechtzeitig.

Lackierung: Lackiere deine Schäfte so wie du es für richtig hältst. Meiner Meinung nach sind ein bis drei Schichten eines PU-Lacks genug. Nach jeder Schicht sollte man mit etwas Stahlwolle den Schaft für die nächste Schicht vorbereiten.

5.6. Varianten in der Pfeilherstellung

Spitzen mit zylindrischer Bohrung (parallele Spitzen)

Manche Bogenschützen ziehen diese Spitzen den konisch gebohrten Spitzen vor, weil sie ihrer Meinung nach leichter auf dem Schaft auszurichten sind, als die konischen Spitzen. Auch gibt es manche Sorten nur mit Parallelbohrung. Der Schaft muss zur Aufnahme der Spitze meist erst etwas mit Schmirgel bearbeitet werden.
Es gibt diese Spitzen auch mit Innengewinde zum Schrauben.

Epoxy (Epoxydharz-Kleber)

Wenn man immer wieder die Spitzen von den Schäften verliert, kann man auch diesen 2-Komponentenkleber statt des Heißklebers verwenden. Man bekommt die Spitzen dann aber auch nicht mehr so gut ab wie bei einem Heißkleber, wenn man den Schaft einmal kürzen will.

Vernieten der Spitze

Ein Vernieten geschieht aus dem gleichen Grund und hat auch die gleichen Nachteile wie das Kleben mit Epoxy. Man bohrt seitlich ein Loch in die Spitze und schlägt einen Stift hindurch, nachdem die Spitze auf den Schaft geklebt ist.

Sekundenkleber

Wenn du es ganz eilig hast, kannst du damit auch die Nocke oder die Befiederung aufkleben. Allerdings darfst du dabei keine Fehler machen, da der Kleber so schnell trocknet. Der Kleber wird weiß, wenn er während des Abbindens mit Wasser in Berührung kommt. Du musst ziemlich konzentriert arbeiten, sonst gehst du am Ende mit an den Fingern festgeklebten Pfeilen durchs Leben.

Die Hahnenfeder (Leitfeder)

Beim Scheibenschießen verwendet man normalerweise eine andersfarbige Hahnenfeder, um diese von den Hennenfedern optisch zu unterscheiden. Nach kurzer Zeit nockt man den Pfeil aber auch ohne diese Hilfe automatisch richtig auf der Sehne. Auch das ist deine eigene Entscheidung.

Sei etwas individuell

Vielleicht machst du Pfeile genauso gerne, wie du sie schießt. Dann kannst du auch noch mehr tun, um deine Pfeile individuell zu gestalten.

Self-Nocken

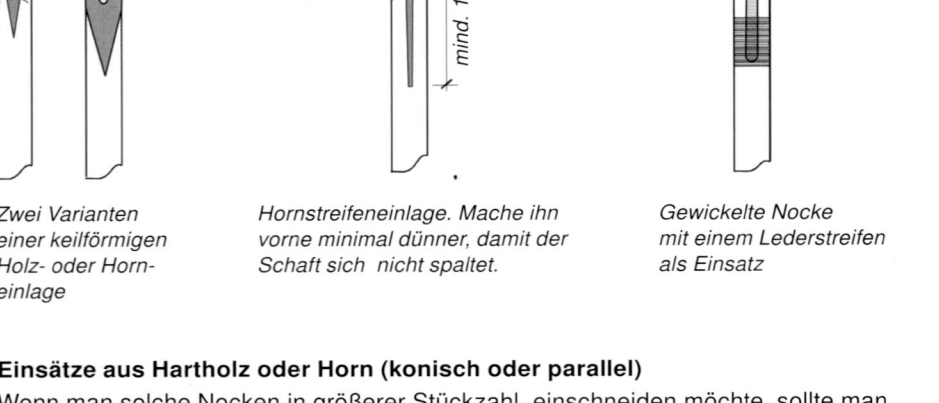

Zwei Varianten
einer keilförmigen
Holz- oder Horn-
einlage

Hornstreifeneinlage. Mache ihn
vorne minimal dünner, damit der
Schaft sich nicht spaltet.

Gewickelte Nocke
mit einem Lederstreifen
als Einsatz

Einsätze aus Hartholz oder Horn (konisch oder parallel)

Wenn man solche Nocken in größerer Stückzahl einschneiden möchte, sollte man sich dafür eine Lehre machen.

Wichtig ist, dass der Einsatz parallel zur Maserung steht, damit die Nocke hinterher rechtwinklig zu beidem eingeschnitten werden kann.

Einen Horneinsatz solltest du leicht konisch formen, damit sich der Schaft nicht spaltet. Du musst die inneren Kanten und Ecken der Self[5]-Nocken runden, damit die Sehne nicht beschädigt wird.

Achte darauf, wie stramm die Nocke auf der Sehne sitzt.

Zu stramm, und die Nocke wird gespalten, zu lose und der Pfeil fällt im Auszug bereits aus dem Bogen.

Die Weite der Nocke kannst du mit Sandpapier oder einer kleinen Rundfeile korrigieren. Ist die Nocke zu weit, kannst du die Mittelwicklung der Sehne dicker machen.

Nockwicklung

Diese Wicklung kann leicht angebracht werden, wenn man die ganze Feder zur Befestigung an den Schaft wickelt, wie das früher üblich war.

Die Wicklung wird dann einfach bis zum Anfang der Nocke weitergeführt und das Ende verklebt oder mit Hilfe einer Schlaufe unter der Wicklung durchgezogen.

Du kannst auch einen Lederstreifen in die Nocke mit einwickeln, um der Sehne noch eine Dämpfung zu geben (siehe oben).

---

5 „Self" bedeutet im Englischen, dass etwas aus einem Stück besteht.
   Eine Selfnocke ist also eigentlich nur ein Einschnitt im Schaft. Hier aber gebraucht in Abgrenzung zu modernen, auf den Schaft aufgesetzten Nocken.

Gewickelte Befiederung

Wenn du deine Befiederung mit Garn am Schaft befestigst, achte darauf, dass die Wicklung gleichmäßig ist und die einzelnen Gänge eng beieinander liegen (vier bis sechs Gänge pro Zoll) und parallel verlaufen.

Das Garn sollte bis auf den Federkiel heruntergezogen werden, sonst sträuben sich die Federfahnen und das sieht nicht schön aus. Wähle ein Garn das zwar reißfest, aber nicht zu dick ist, denn zu dickes Garn spreizt die Fahnen der Federn ebenfalls auseinander.

Broadheads gerade aufsetzen

Broadheads müssen gerade zur Pfeilachse aufgebracht sein, sonst fliegt der Pfeil schlecht. Die Befiederung muss auch groß genug sein, um die schwere Spitze auszugleichen (siehe auch helische Befiederung in diesem Kapitel).

Am besten setzt du die Spitze so auf, dass ihre Klingen parallel zur Sehne stehen und nicht rechtwinklig. Ansonsten können sich die Widerhaken der Spitze beim Auszug in deinen Bogen bohren.

Vorschäfte

Schäfte sind nicht billig und brechen zumeist direkt hinter der Spitze.

Deshalb möchtest du vielleicht den schwächsten Punkt des Pfeils durch einen Vorschaft (footing) aus festerem Holz verstärken.

Wenn du deine Schäfte generell und von vornherein aufsetzt, sind deine Pfeile am Ende auch alle gleich schwer und haben den gleichen Balancepunkt. Das ist essentiell für einen Satz guter Pfeile.

Mit Vorschäften kann man auch noch einmal einen Pfeil retten, der zwar direkt hinter der Spitze abgebrochen ist, aber ansonsten noch gut ist.

Willst du viele Schäfte aufsetzen, solltest du dir eine Halterung oder Lehre zum Bearbeiten des Schaftes machen (gibt es auch fertig zu kaufen).

Ansonsten kannst du auch mit einem guten Auge und einer geraden Schleiffläche einiges erreichen.

Ein Vorschaft wird auch bei doppelt konifizierten (gebarrelten) Schäften aufgesetzt, da hier die Gefahr eines Bruchs hinter der Spitze besonders groß ist. Das gleiche gilt für Pfeile mit Judo-Spitzen.

Viele Leute meinen, dass ein Pfeil mit Vorschaft besser fliegt, weil der Balancepunkt des Pfeils durch das Anschäften verändert wird.

Geschlitzter
Hartholzblock

Keilförmiger Taper
am Pfeilschaft

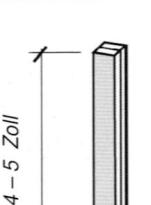

4–5 Zoll

Damit der Hartholzblock nicht reißt, wird am Schlitzende eine Zwinge angesetzt.

Arbeitsablauf

1. Zum Aufsetzen eignen sich Harthölzer wie Ebenholz, Rosenholz oder Zitronenholz. Abschnitte dieser Hölzer bekommst du vielleicht von deinem Bogenbauer. In ein $3/8$ Zoll Kantholz sägst du einen Längsschlitz, möglichst quer zur Maserung, damit das Holz nicht aufreißt. Die Gesamtlänge des Vorschaftes hängt von der Pfeillänge ab. Für die meisten Pfeile ist ein 4–6 Zoll Aufsatz ausreichend.
   Wenn deine Pfeile länger als 30 Zoll sind, kann auch das Footing länger ausfallen. Die Länge des Hartholzes zwischen dem konischen Ende des Schaftes und der Spitze sollte $1/2$ bis 1 Zoll betragen.
   Diese Werte sind nur Richtlinien und nicht in Stein gemeißelt.
2. Du verjüngst den Schaft wie dargestellt (Meißelform). Dabei arbeitest du parallel zur Maserung.
3. Am Ende des Längsschlitzes setzt du eine Klammer an, damit dein Hartholz nicht aufsplittert.
4. Du bestreichst die Klebeflächen mit Leim und passt den Schaft in den Schlitz des Hartholzes ein. Der Schaft wird dabei nicht bis ganz zum Ende des Schlitzes geschoben, sondern man lässt einen 1,5 mm breiten Spalt stehen.
5. Das Footing richtest du jetzt mit dem Schaft gerade aus. Mit einer Wicklung presst du beides zusammen.
6. Nun schiebst du den Schaft ganz in das Footing. Dadurch wird die Wicklung enger und die Klebeflächen erhalten den nötigen Anpressdruck.

7. Wenn der Leim trocken ist, nimmst du die Wicklung ab. Du schleifst das überstehende Holz ab, wobei du ständig auf eine gerade Flucht achtest.

Der verwendete Leim muss absolut wasserbeständig sein (die meisten Holzleime sind nicht ausreichend wasserfest). Ich rate zu einem Epoxy-Kleber, wobei man aber noch auf die Sorte achten muss. Manche der schnellklebenden Harze (5-min.- Harze) sind nicht endfest genug. Wenn die Klebefugen schön dünn sind, kann man auch mit Knochenleimen arbeiten. In jedem Fall müssen die benutzen Leime richtig angerührt werden.

Flu-Flu-Pfeile

Ein Flu-Flu ist ein Spezialpfeil, der, bedingt durch seine bauschige Befiederung, nach einer kurzen Flugstrecke sehr viel von seiner Geschwindigkeit verliert. Man benutzt sie bei fliegenden Zielen oder auch beim Roving. Meist wird ein Blunt als Spitze verwendet.

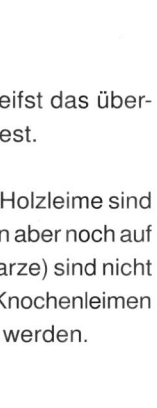

1. Zum Befiedern braucht man eine Feder voller Länge (9–10 Zoll).
2. Um der Feder eine Spiralform zu geben, ziehst du den Kiel über eine scharfe Kante (so wie man das auch mit Geschenkpapierbändern macht). Den Kiel hast du natürlich vorher soweit bearbeitet, dass er glatt ist.
3. Ein Ende der Feder klebst du am Schaft fest und fixierst es mit einer Nadel. Welches Ende der Feder du festklebst, hängt von der Windungsrichtung ab, die entstanden ist.
4. Du gibst nun wie sonst auch den Kleber auf den Federkiel und wickelst die Feder in Spiralen um den Schaft. Die einzelnen Windungen liegen dabei ungefähr ¼ Zoll auseinander.
5. Das andere Ende der Feder fixierst du ebenfalls mit einer Nadel am Schaft. Sobald der Kleber trocken ist, kannst du die Nadeln herausziehen. Dann wickelst du die Feder vorn wie üblich und auch längs der gesamten Federlänge. Das hintere Ende bindest du genauso wie das vordere.

Du kannst einen Flu-Flu auch herstellen, indem du einen Schaft mit ca. 5 Zoll langen, unbeschnittenen Federn sechsfach befiederst. Dazu befiederst du ihn zunächst normal dreifach und drehst dann den Pfeil um 180° im Befiederungsgerät und setzt nochmal drei Federn in die Zwischenräume.

Pfeile für das Weitschießen

Es gibt nur wenige Dinge, die das Herz des Bogenschützen so erfreuen wie der Anblick eines Pfeils, der nach einem guten Abschuss gerade in den Himmel fliegt. Die Federn glänzen im Licht, während der Pfeil im Flug rotiert. Besonders schön ist das anzuschauen, wenn der Pfeil auf die Mitte eines weit entfernten Ziels zusteuert.

Ein guter Flightpfeil ist etwas Besonderes und vereinigt darüber hinaus auch einige gegensätzliche Eigenschaften in einer gelungenen Mischung:

- ein gut ausgewogener Schaft gleitet auf der Luft
- er ist so biegsam, dass er gut aus dem Bogen kommt, aber so steif, dass er sich schnell ausrichtet
- die Befiederung ist so groß wie nötig, um den Pfeil gut zu stabilisieren, aber so klein wie möglich, damit wenig Reibung entsteht
- die Masse ist so gering wie möglich, aber hoch genug, damit der Pfeil genügend Stabilität besitzt, um den Abschuss zu überstehen
- die Schaftoberfläche ist glatt, ohne Macken und Kratzer, damit der Luftwiderstand gering bleibt.

Beim Weitschießen werden wunderbare theoretische Ansätze in die Praxis umgesetzt. Ich erinnere mich an einen besonders hoch gelobten Satz Pfeile, die von einem Aerodynamik-Spezialisten gebaut waren. Sie flogen alle sehr gleichmäßig, doch leider kamen sie zurück wie ein Bumerang.

Man sollte das Testgelände also entsprechend großzügig auswählen, damit sich solche Fehler nicht gleich katastrophal auswirken. Sei nicht enttäuscht, wenn du viele Pfeile machen musst, ehe du den gefunden hast, der gut und weit aus deinem Bogen fliegt (ehe du jenen zerbrichst, solltest du seine spezifischen Daten sichern).

Es ist beim Weitschießen sehr wichtig, dass der Pfeil optimal auf den Bogen abgestimmt ist. Und dafür braucht man viel Zeit und muss viele Tests machen.

Man kann Flightpfeile kaufen, aber um die maximale Diatanz aus einem bestimmten Bogen mit deinem Schießstil herauszuholen, solltest du sie dir selbst herstellen.

Du musst jede Kleinigkeit beachten, um jeden ach so wichtigen Meter herauszuschinden.

Im Folgenden beschreibe ich die Herstellung eines beidseits konifizierten Pfeils, bei dem der Schwerpunkt nur ein klein wenig vor der geometrischen Mitte liegt.

Als Basis dient ein $^5/_{16}$ Zoll dicker Zedernschaft der beidseits auf ¼ Zoll reduziert wird. Für einen 60 lb starken Langbogen ist das ein vernünftiger Ausgangswert.

Riskiere deinen Bogen nicht, indem du zu leichte Pfeile benutzt. Im Grunde ist das jedes Mal wie ein Trockenschuss, schlägt dein Bogen im Abschuss stark in der Hand, ist das ein sicheres Zeichen dafür, dass du dein Glück herausforderst.

Lass dir am Anfang einen Sicherheitsspielraum. Später kannst du das Pfeilgewicht immer noch schrittweise verringern.

Die Materialien

Ein $^5/_{16}$ -Zoll-Schaft bester Güte

Bezüglich des Verhältnisses von Gewicht zu Steifigkeit ist Port Orford Zeder kaum zu überbieten, wenn du einen guten Schaft erwischst. Nimm auf jeden Fall einen Schaft mit geraden, durchgängigen und eng liegenden Jahresringen.

Wähle den Schaft eine Nummer steifer aus als gewöhnlich. Konifizierte Schäfte verhalten sich zwar ohnehin vergleichsweise steif, aber du musst ja noch Material abtragen. Für das Weitschießen sind steifere Schäfte gut.

Der Vorschaft

Nimm hier ebenfalls feinmaseriges und langfaseriges Holz guter Qualität.

Wenge, Purpleheart oder Walnuss sind sehr gut dafür geeignet.

Eine ¼ Zoll Spitze

Fang mit einem Spitzengewicht von 25 grain an. Ist die Spitze zu leicht kann der Pfeil weit nach links (für einen Rechtshandschützen) abweichen.

Eine Plastiknocke ¼ Zoll

Die Nocke muss stark genug sein, um dem Abschuss eines starken Bogens standzuhalten.

Befiederung

Ich schlage zum Anfang eine 1,5 Zoll lange, parabolische Befiederung vor, die später noch getrimmt werden kann.

1. **Die Herstellung**

    Verstärke den Schaft direkt hinter der Spitze durch einen zweifach geleimten Vorschaft, wie er in diesem Buch beschrieben wird. Ein Vierfach-Spleiß wird bei diesem dünnen Schaftdurchmesser zu schwach werden.

    Dieser Vorschaft kann kürzer sein als bei einem normalen Scheibenpfeil, aber bis ein halbes Zoll hinter der Spitze sollte die Verstärkung schon gehen.

2. Runde den Vorschaft mit einem scharfen Hobel, und achte dabei darauf, dass er in Linie mit dem Schaft bleibt.

3. Markiere den Mittelpunkt und den Schwerpunkt des Schafts, der zu diesem Zeitpunkt recht weit vorne liegen wird, wenn die Spitze befestigt ist, noch mehr.

    Also muss noch mehr Material vom vorderen Ende des Schaftes entfernt werden. Markiere dazu den Schaft wie auf der Zeichnung zu sehen, ringsherum. Dadurch wird es einfacher, überall gleichmäßig Material zu entfernen.

    Mit einer dünnen Beize oder ähnlichem auf dem Schaft wird dieser Vorgang gut sichtbar.

4. Reduziere den Schaft mit der feinsten Einstellung und der schärfsten Klinge deines Hobels, auch ein kleiner Modellbauhobel mit Rasierklingen funktioniert gut, gleichmäßig rund um den Schaft. Beginne dazu an der ersten Markierung, arbeite dann ab der zweiten Markierung und so fort, bis der gewünschte Taper erreicht ist.

    Der Durchmesser an beiden Enden sollte noch etwas größer als für Spitze und Nocke nötig sein. Kontrolliere deine Arbeit auf Rundheit und Geradheit.

5. Schmirgle den Schaft mit feinem Schleifpapier, befestigte vorläufig die Spitze und klebe die Nocke auf.

6. Überprüfe den Schwerpunkt und korrigiere so lange, bis er ungefähr 3–6 mm vor dem Mittelpunkt liegt. Dazu musst du am vorderen Ende vorsichtig Material wegnehmen. Ist dein Hobel dafür zu grob, nimm eine Ziehklinge, Messerklinge oder einen ähnlichen Kratzer. Aber immer mit Bedacht und Gefühl, auch beim Schmirgeln!

7. Jetzt ist der beste Zeitpunkt, den Schaft zu versiegeln. Dann kann er noch mal gerichtet und poliert werden, bevor die Befiederung aufgeklebt wird.

8. Drei gerade Federn sind ein guter Anfang. Du kannst damit experimentieren, wie weit vorne oder hinten du diese befestigst, aber normalerweise ist ganz hinten die Steuerfunktion der Federn am besten.

    Wenn du deinen Pfeil zu üppig befiedert hast, kannst du die Federn auch noch flacher schneiden. Nimm zu den Testschüssen eine scharfe Schere mit.

Pfeilmitte

je 3,8 cm

6 mm *

je 3,8 cm

* Pfeilschwerpunkt

Einige Gedanken zum Weitschießen

Leonardo da Vinci benutzte das Weitschießen, um den Einfluss einer Bewegung auf den Energieimpuls zu beschreiben, indem er darstellte, wie alles, was im Moment des Schusses eine Bewegung nach vorne macht, seine Energie auf den Pfeil überträgt. Man kann Bogenschützen beobachten, die rennen, hüpfen, die Bogenhand nach vorne schleudern, ja sogar schreien, um ein oder zwei entscheidende Meter weiter zu schießen.

Aber das alles bringt nichts, wenn es unkontrolliert geschieht:

Im Moment des Lösens muss der Pfeil genau den optimalen Winkel von 45 Grad (oder knapp darunter) haben. Und das Lösen muss scharf, schnell und sauber sein. Wenn Standhöhe, Nockpunkt und alles andere wirklich korrekt ist, kannst du diesen Pfeil dann wirklich abzischen sehen!

Und dann wirst du wieder in deine Werkstatt gehen: ,Wenn ich vielleicht den Balancepunkt noch etwas nach hinten verlagere, die Federn noch flacher schneide und mit dem Spinewert hochgehe, dann....'

5.7. Die Aufbewahrung und Pflege der Pfeile

Wenn du unglücklicherweise beim Schießen einen Baum oder ein anderes hartes Hindernis getroffen hast, untersuchst du den Pfeil (nicht den Baum) auf Risse und Bruchstellen, indem du ihn leicht zwischen den Fingern biegst. Den Rundlauf kannst du prüfen, wenn du den Pfeil auf die Handfläche stellst und drehst.

Ist dein Pfeil von Schlamm (oder Schlimmerem) besudelt, kannst du einen Wollquast benutzen, um ihn blank zu wischen. Ansonsten tut es auch jedes saugfähige Tuch.

Pfeile richten

Verzogene oder krumme Pfeile richtest du mit der Hand, nachdem du sie etwas warm gemacht hast (Reibung oder auch eine weiche Flamme).

Wenn der Schaft im Bereich der Verformung Risse oder Kompressionslinien zeigt, darfst du den Pfeil auf keinen Fall mehr schießen. Er ist damit nicht nur wertlos, sondern stellt beim Schießen auch eine Gefahr für dich und andere dar, da er im Abschuss splittern kann.

Defekte Nocken kann man vom Schaft entfernen, indem man sie abbrennt.[6]

Man braucht sie nur ein bis zwei Sekunden in eine Flamme zu halten und kann sie dann mit einem Messer abschaben (aufpassen, brennendes Plastik haftet an der Haut, was so schlimm ist wie Napalm).

Federn und Nocken lassen sich auch von Pfeilbruchstücken wieder entfernen, wenn du diese für ein paar Sekunden in eine Mikrowelle legst (geht nur bei Holzschäften). Plattgedrückte Federn richten sich in heißem Wasserdampf wieder auf.

Aufbewahrung

Sobald du nach Hause kommst, stellst du deine Pfeile aufrecht in einen eigens dafür vorgesehenen Ständer. Du lässt sie nicht in deinem Köcher. Solch einen Ständer kannst du leicht selbst bauen.

Auf einen Holzrahmen spannst du oben und unten (etwa 1 Zoll Abstand vom Boden entfernt) ein feinmaschiges Blumengitter (Gartenfachhandel). Stell deine Pfeile so ab, dass sie nicht direkter Hitzestrahlung ausgesetzt sind.

Köcher

Der traditionelle Bogenschütze muss normalerweise mehr Pfeile als sein technisch ausgerüsteter Kollege mit sich tragen, ganz besonders beim Roving.

Die Größe der unterschiedlichen Spitzen und verschiedene Pfeilsorten für alle Varianten des traditionellen Schießens machen einen großen Köcher unumgänglich. Es spielt keine Rolle, ob es sich dabei um einen Seiten- oder Rückenköcher handelt, aber ein FITA-üblicher Holster-Köcher reicht dafür meist nicht aus.

Ob nun Seitenköcher oder Rückenköcher, das ist Geschmacksache, denn beide Typen haben ihre Vor- und Nachteile: Wenn du viele unterschiedliche Pfeil mit dir herumtragen willst, ist es bei einem Seitenköcher einfacher, den richtigen Pfeil heraus zu suchen, der Rückenköcher dagegen ist in schwierigem Gelände besser zu tragen.

Wenn man aber mit dem Seitenköcher ins Gelände zieht, empfehle ich einen, der gerade nach unten hängt, denn die schrägen Modelle werfen dir gerne ihren Inhalt vor die Füße. Manche Bogenschützen haben einen Vielzweckköcher, der wahlweise am Gürtel oder über den Rücken getragen werden kann. Und mancher alte Hase hat seinen ganz persönlichen Köcher, nach ganz eigenen Vorstellungen angefertigt, und mit Zusatzfächern für das Notfall-Set: Ersatzsehne, Wachs, Feldflasche u.v.m.

---

6 Anm. d. Übers.: Man kann sie auch mit einem Messer herunterschneiden, indem man sie auf einer Seite anschneidet. Die Nocke kann dann mit einer Zange (Schraubstock) „abgedreht" werden.

6. Sehnen

Um eine Sehne macht man sich zumindest solange keine Gedanken, bis sie reißt. Du solltest immer eine Ersatzsehne beim Schießen dabei haben, am besten eine, die eingeschossen ist und einen passenden Nockpunkt hat.
Bei den ersten Verschleißerscheinungen musst du die Sehne wechseln.
Zum Schutz des Bogens tauschst du eine Dacronsehne nach 2000–2500 Schuss, eine Leinen- oder Hanfsehne nach spätestens 1000 Schuss aus.

6.1. Verschiedene Materialien und Sehnenarten

Ständig werden neue Materialien gesucht und entwickelt, aus denen man schnellere Sehnen machen kann, die weniger Masse bei gleicher Festigkeit haben.
Aber aufgepasst: Nicht alle Sehnengarne eignen sich für traditionelle Bogen.

Dacron
Wird am häufigsten benutzt und ist auch das billigste Garn.
Es gibt verschieden starke Sorten, so dass man die Strangzahl und damit das Gewicht der Sehne verändern kann. Eine leichte Sehne ist schneller als eine schwere, aber auch nicht so gutmütig gegenüber Schussfehlern.

Kevlar, Dyneema, Fastflight und andere Sehnen
Ich empfehle diese Sehnen nicht für traditionelle Bogen und erst recht nicht für (englische) Langbogen. Diese Materialien haben eine geringe Dehnung, was die Wurfarme zusätzlich beansprucht. Der Bogen kann brechen.
Man sollte diese Sehnen nur auf den Bogen schießen, die vom Bogenbauer dafür freigegeben worden sind. Meiner Meinung nach lohnt es sich nicht, seinen Bogen zu riskieren, egal wie viel Geschwindigkeit man mit diesen Garnen gewinnt.

Hanf
Hanf ist das Sehnenmaterial für den echten Traditionalisten. Mit ausgesuchten Hanfsorten kann man eine gute und fehlerverzeihende Sehne machen.
Hanfsehnen haben aber im Vergleich zu Dacron eine kurze Lebensdauer (maximal 1000 Schuss). Hanf ist sehr wasserbeständig. Man darf nur erstklassigen Hanf verwenden, sonst wird die Sehne rau und buckelig.

Leinen (Flachs)

Leinen hat ähnliche Eigenschaften wie Hanf. Aus gutem irischen Leinen (womit sehr teure Schuhe genäht werden) kann man Sehnen herstellen, die bei gleicher Dicke so stark wie Dacronsehnen sind. Diese Sehnen haben gute Schusseigenschaften, verschleißen aber schneller.

Andere Sehnenmaterialien

Wenn du deinen eigenen Bogen gebaut hast, besonders wenn es sich dabei um einen „primitiven" Bogen handelt, willst du vielleicht mit anderen Sehnenmaterialien experimentieren, wie z.B: Seide, Nessel-Fasern (oder anderes Gemüse) und Tiersehnen (letzteres dehnt sich in feuchter Umgebung).

Viele dieser Rohmaterialien sind recht kurz, und deshalb müssen bei der Herstellung einer Sehne die überlappenden Enden gleichmäßig und kräftig verflochten werden. Ich empfehle, das ganze ein paarmal zu üben, bevor du so eine Sehne an deinem Bogen ausprobierst. Es hilft auch, wenn man die Sehnen vordehnt, indem man sie eine Zeit lang an Gewichten aufhängt.

Es ist auf jeden Fall eine gute Idee, erst mal zu testen, ob die Sehne das vierfache des Zuggewichts des Bogens aushält, bevor man sie benutzt, denn an einer gerissenen Sehne ist schon so mancher Bogen kaputt gegangen.

Reißfestigkeit

Um die Reißfestigkeit eines potentiellen Sehnenmaterials zu überprüfen, befestige es an deiner Zugwaage und ziehe. Bei starkem Material kannst du auch eine Seilzugrolle und ähnliches an deiner Tillerwand benutzen.

Nimm runde und gepolsterte Gegenstände dafür, denn bei scharfen Kanten wird das Material schon vor Erreichen seiner Endfestigkeit reißen. Und sichere deine Waage, manches Material ist stärker als du denkst. Beobachte auf der Skala deiner Waage, wann das Material reißt, wiederhole diese Messung ein paarmal, und nimm dann den Mittelwert, aber sei dabei eher konservativ als zu optimistisch.

Verschiedene Sehnentypen

1. Die Endlossehne

Wird meist auf Recurves geschossen. Zur Herstellung des eigentlichen Sehnenkörpers wickelt man das Garn um zwei Stäbe. Die Schlaufen (Sehnenöhrchen) entstehen durch separate Wicklungen an den Enden des Sehnenkörpers.

2. Die flämische Sehne (Flämischer Spleiß)

Diese Sehne wird nicht aus einem einzigen langen Faden, sondern aus mehreren Fäden gemacht, die zu zwei oder mehr Strängen gelegt werden.

Diese Stränge werden so miteinander verflochten, wie man auch ein Seil herstellt, und das obere Sehnenöhrchen wird durch Einspleißen in den Sehnenkörper hergestellt (Anleitung am Ende dieses Kapitels).

Ein solches Sehnenöhrchen ist belastbarer als das der Endlossehne, denn hier wird das Öhrchen durch die volle Anzahl der Stränge gebildet, bei der Endlossehne nur durch die Hälfte der Stränge. Das untere Sehnenöhrchen einer flämischen Sehne kann auf zwei unterschiedliche Weisen geformt werden:

Der Bogenbauer-Knoten

Einige Langbogenschützen fertigen ihre Sehnen mit einem festen Öhrchen für die obere Bogennocke, während sie das untere Öhrchen durch einen speziellen Knoten formen. Durch den Knoten kann die Sehnenlänge verändert werden.

Bogenbauer-Knoten
verstellbarer Knoten
für die untere Sehnen-
schlaufe

Sehne mit zwei Sehnenöhrchen

Andere Bogenschützen benutzen Sehnen mit zwei permanenten Öhrchen.

Die obere Sehnenschlaufe fällt dann in der Regel etwas größer aus, so dass man das Öhrchen beim Entspannen des Bogens leichter von der Bogennocke abstreifen kann.

Für welche Sehne du dich entscheidest, liegt ganz bei dir. Es gibt hier keine festgelegten Regeln. Viele sagen, dass die flämische Sehne mit dem verstellbaren Knoten sehr traditionell ist und sich durch ihre Verstellmöglichkeit am besten für den englischen Langbogen eignet.

Ich selbst glaube, dass der Knoten in der Vergangenheit oft benutzt wurde, weil die Sehnen in der Massenproduktion hergestellt wurden und der Knoten somit eine „Einheitsgröße" möglich machte. Leider kann dieser Knoten aber auch verrutschen, was die Standhöhe des Bogens verändert.

Deshalb plädiere ich für die flämische Sehne mit zwei festen Schlaufen. Die genaue Standhöhe des Bogens lässt sich durch das Eindrehen der Sehne erreichen.

Zumindest dann, wenn die Sehne für diesen speziellen Bogen gemacht wurde und darum die Standhöhe im Groben passt. Hebe dir darum die alte Sehne als Maßstab für eine neue Sehne auf.

Manche Sehnenmaterialien werden vom Hersteller nicht eingewachst, sondern mit einer „öligen" Schutzschicht überzogen und halten den Knoten nicht richtig.

In diesem Fall kann man sie einfach öfter mit Bienenwachs einreiben. Die Schlaufe am Ende des Knotens kann eine Schwachstelle sein, da sie wahrscheinlich mit Erde, Schmutz und Schlimmerem in Berührung kommt – auch hier hilft zusätzliches Einwachsen.

6.2. Die Herstellung einer einfachen Sehne

Die Anzahl der Stränge

Das Verhältnis von Sehnenstärke zu Bogenstärke muss mindestens 4:1 betragen. Für zugschwache traditionelle Bogen sollte eine Sehne aus wenigstens zehn Strängen Dacron bestehen. Dann passen auch die Pfeilnocken auf die Sehne.

Die Tabelle gibt die passenden Strangzahlen zum Zuggewicht an (bei der Verwendung von Dacron B 50):

Zuggewicht	Stränge	Zuggewicht	Stränge
20 – 30 lb	10	60 – 80 lb	16
30 – 45 lb	12	80 – 100 lb	18
45 – 60 lb	14	über 100 lb	20

Für reines Weitschießen (flight) kann man die Sehne auch mit zwei Strängen weniger als angegeben fertigen. Man sollte diese Sehne allerdings doppelt überprüfen und bei starkem Gebrauch öfter ersetzen.

Auf den nächsten Seiten beschreibe ich die Herstellung einer flämischen Sehne mit zwei Strängen.

Eine dreisträngige Sehne ist etwas glatter und schneller als eine zweisträngige, der Einfachheit halber beschränke ich mich hier aber auf zwei Stränge (eine Dreistrangsehne wird im Prinzip genauso gemacht).

Wenn du dich an die Bauanleitung hältst, sollte es keine unauflösbaren Knoten mit dem Garn geben, wie es bei manchen Garnen vorkommen kann. Damit die Sehne am Ende auch wirklich belastbar ist, müssen alle einzelnen Fäden eine gleich starke Spannung haben.

Ein Sehnenbrett erleichtert nicht nur die Herstellung der Sehne, sondern sorgt auch dafür, dass alle Fäden gleich belastet werden. Man kann stattdessen natürlich auch einfach Nägel in eine Bohle oder in eine Wand schlagen und seine Sehne darauf machen.

Um unterschiedlich lange Sehnen fertigen zu können, sollte allerdings ein Ende des Galgens oder Bretts längenverstellbar sein. Falls du Linkshänder bist, ist es vielleicht für dich einfacher, wenn du die angegebenen Drehrichtungen des Garns und der Stränge umkehrst.

Sehnenbrett

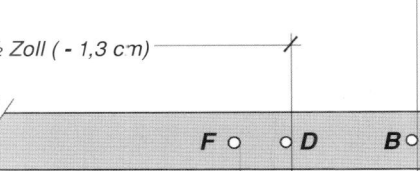

Sehnenlänge + 18 Zoll (+ 45,7 cm)

Sehnenlänge - ½ Zoll (- 1,3 cm)

A   C   E

Bohrung für versetzbaren Stift E

F   D   B

9"   2"   5"
(22,9 cm) (5 cm) (12,7 cm)

2"   9"

Eine zweisträngige Sehne im flämischen Spleiß

1. Stell dein Sehnenbrett so ein, dass der Abstand der Bolzen A und B gleich der Sehnenlänge plus 18 Zoll (=45,7 cm) beträgt. Die Bolzen sollten ½ Zoll (12 mm) Durchmesser haben.

2. Die Sehnenlänge ist dann gleich dem Abstand (Außenkanten) der Bolzen C/D voneinander. Berücksichtige die Dehnung des Materials (ca. ½ Zoll). Du musst selbst herausfinden, wie stark sich deine Sehnen beim Schießen recken.

3. Wickele dein Garn um die äußeren Bolzen, bis deine Sehne genügend stark ist.

4. Damit die einzelnen Fäden gut zusammenkleben, wachst du sie mit Sehnenwachs leicht ein. Mit einer Schere zerschneidest du die Stränge an einer Seite
   des Galgens.

5. Du kreuzt die beiden entstandenen Stränge und verseilst sie wie im Bild
   gezeigt. Das gibt später das obere Sehnenöhrchen. Wie oft du die Stränge miteinander verzwirbelst, hängt davon ab, wie groß dein Sehnenöhrchen werden
   soll, was wiederum von der Größe des Wurfarms und der Nocken abhängt,
   über den das Öhrchen gleiten soll. 12 bis 16 Drehungen kommen ungefähr hin.
   Das untere Öhrchen wird in der Regel kleiner gehalten (weniger Drehungen).
   Den verseilten Abschnitt wirst du nun gut einwachsen.

Das Sehnenöhrchen Schritt 1:
*Zwischen Daumen und Zeigefinger drehst
du den einen Strang im Uhrzeigersinn und legst
ihn gegen den Uhrzeigersinn über den zweiten
Strang.*
*Wiederhole dies so lange bis die dadurch ent-
standene Schnur lang genug ist, um die Sehnenschlaufe zu bilden.*

6. Nimm jetzt das Garn vorsichtig vom Bolzen C und lege es um den inneren
   Bolzen E (da die Sehne sich beim verflechten kürzt). Jetzt kreuzt du die abge-
   schnittenen Enden noch einmal und klebst sie dann mit Wachs an die beiden
   Hauptstränge.

Das Sehnenöhrchen Schritt 2:
*Die abgeschnittenen Stränge werden sorgfältig
mit Sehnenwachs mit den Hauptsträngen ver-
bunden.*
Dann werden sie wie in Schritt 1 verwoben.

7. Du verseilst die Abschnittenden mit den Hauptsträngen jetzt genauso wie unter Punkt 5 gezeigt. Dadurch entsteht das Sehnenöhrchen. Die Abschnitte sollten nicht genau gleich lang sein, damit ein weicher Übergang vom verseilten Teil der Sehne zum Sehnenhauptkörper entsteht. Gut einwachsen.
Denk daran: Die Öhrchen müssen auf die Nocken passen. Sie dürfen nicht zu eng und nicht zu groß sein, sonst kann sich die Sehne selbst abspannen oder den Wurfarm verdrehen.

8. Nimm das andere Ende der Sehne vom Bolzen B und lege das obere Öhrchen wieder um den Bolzen C. Du trennst die beiden Hauptstränge voneinander und steckst den variablen Bolzen E in die innere Bohrung, so dass er die Stränge trennt. Dadurch verhindert E, dass sich das obere Öhrchen wieder auflöst, während du das Untere formst.

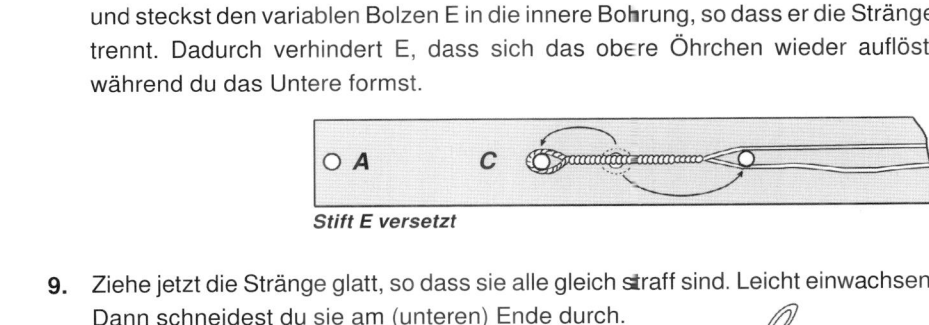

Stift E versetzt

9. Ziehe jetzt die Stränge glatt, so dass sie alle gleich straff sind. Leicht einwachsen. Dann schneidest du sie am (unteren) Ende durch.

(Wenn du eine Sehne mit einem Knoten statt mit zwei Öhrchen schießen möchtest, verseilst du an dieser Stelle die letzten 4–6 Zoll (10 –15 cm) und machst dann den Knoten. Eventuell bringst du auch eine Wicklung wie die Mittelwicklung an, da der Knoten die schwächste Stelle der ganzen Sehne ist.)

10. Nun verdrehst du beide Stränge im Uhrzeigersinn, indem du sie zwischen Daumen und Zeigefinger rollst. Wie oft du das machst liegt bei dir, ich gebe den Strängen ungefähr 35–40 Umdrehungen.
Dieser Drall, den du gerade gemacht hast, hebt den Drall auf, der gleich beim Formen des unteren Sehnenöhrchens entsteht.

11. Jetzt wachst du wieder die letzten 12 Zoll (= 30,5 cm) der beiden Stränge, ziehst sie stramm, kreuzt sie hinter Bolzen D, und verseilst sie genauso wie du das obere Ende verseilt hast. Das untere Sehnenohr wird üblicherweise etwas kleiner geformt.

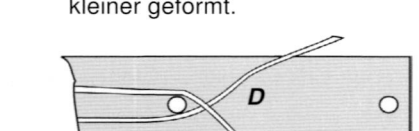

12. Lege die Sehne nun um den Bolzen F und arbeite die Abschnittenden in den Sehnenhauptkörper ein, wie schon beim oberen Ende.

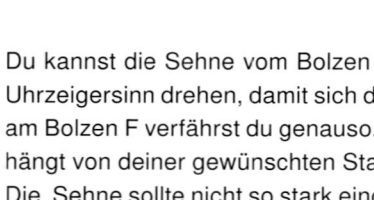

13. Du kannst die Sehne vom Bolzen A nehmen und sie ein paarmal gegen den Uhrzeigersinn drehen, damit sich die Verseilung nicht aufribbelt. Mit dem Ende am Bolzen F verfährst du genauso. Wie oft du die Sehne schließlich eindrehst, hängt von deiner gewünschten Standhöhe des Bogens ab.

Die Sehne sollte nicht so stark eingedreht werden, dass sie wie eine Torsionsfeder zurückschnellt, sobald du sie vom Bogen nimmst.

Andererseits sollte sie um mindestens eine Umdrehung pro Zoll Sehnenlänge eingedreht werden (Bsp.: 64 Zoll Länge = 64 Umdrehungen).

14. Vor dem Aufbringen der Mittelwicklung die Sehne gut wachsen.

6.3. Die Mittelwicklung

Für die Mittelwicklung empfehle ich ein weiches Material, wie zum Beispiel das gedrehte Nylon Nr. 4 von Brownell. Der Traditionalist kann stattdessen auch Leinen benutzen.

Durch Verwendung eines speziellen (handgehaltenen) Wickelgeräts wird die Mittelwicklung gleichmäßig straff und lässt sich auch schneller aufbringen. Wenn du nicht viele Sehnen machen möchtest, brauchst du das Gerät nicht unbedingt, andererseits gibt es nichts Ärgerlicheres, als wenn du die Wicklung gerade halb fertig hast und dir dann die Garnrolle aus deinen schmierigen Fingern glitscht, du erst einmal die Rolle suchen musst, um anschließend noch einmal von vorne anfangen zu können.

1. Auf der Sehne markierst du dir den Abschnitt, auf den die Mittelwicklung aufgebracht werden soll (ungefähr 2 Zoll über und 7 Zoll unter dem späteren Nockpunkt).

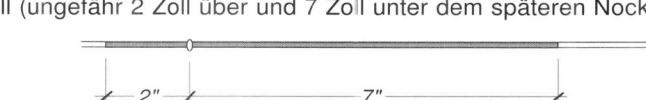

2. Die Drehrichtung der Mittelwicklung soll gleich der Eindrehrichtung der Sehne sein, damit die Wicklung schön straff bleibt. Das ist besonders wichtig für den Fall, dass du kein Wickelgerät benutzt (das Wirkungsprinzip entspricht dem einer Papierrolle, die sich durch Verdrehen fester zusammenfügt).

3. Wie auf dem Bild gezeigt, legst du eine Schlaufe.

4. 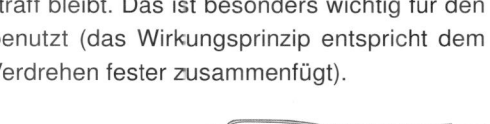 Diese Schlaufe überwickelst du mit zehn Windungen

5. Ziehe das lose Ende der Schlaufe stramm, überwickle es mit noch einigen weiteren Windungen ...

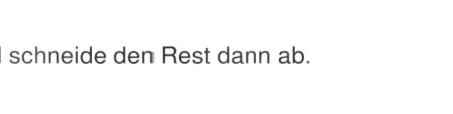

... und schneide den Rest dann ab.

6. Jetzt kannst du weiter wickeln, bis du nur noch ¼ Zoll (ca. 6 mm) vom Ende deiner Markierung entfernt bist (nicht zu stramm wickeln, die Sehne im Bereich der Wicklung soll immer noch einigermaßen biegsam sein).

7. Nun schneidest du den Faden am Wickelgerät so ab, dass noch ca. 20 cm lose hängen bleiben (du kannst den Faden auch dran lassen, musst dann aber im nächsten Schritt eine größere Schlaufe lassen, damit du Platz bei der Gegenwicklung hast).

8. Mit dem übrig gebliebenen Ende wickelst du nun 10–12 Umdrehungen auf der Sehne in der Gegenrichtung.

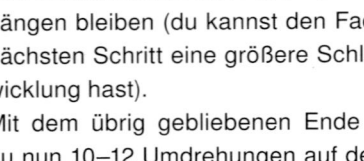

9. Den Endfaden überwickelst du mit normalgerichteten Windungen, wobei sich die Gegenwicklungen „aufzehren".

10. Zieh den Endfaden stramm und schneide ihn kurz ab.

11. Wenn du an der Haltbarkeit deiner Mittelwicklung irgendwelche Zweifel hegst, wird ein Tropfen Kleber an beiden Enden sicher nicht schaden.

Mit Wonne wachsen

Du solltest deine Sehne regelmäßig wachsen, die Mittelwicklung aber dabei auslassen. Ab und zu nimmst du die Sehne vom Bogen und behandelst auch die Öhrchen. Aber zuviel Wachs ist auch nicht gut. Wenn die Sehne nur so trieft wird sie dadurch langsamer.

Stattdessen reibst du das Wachs mit einem Stück Leder oder Papier (Reibungswärme) gut in die Sehne ein. Vergiss die Sehnenschlaufen nicht, da sie besonders beansprucht sind. Vor allem das untere Öhrchen steht oft genug im Wasser oder Dreck.

Sollte deine Mittelwicklung doch einmal klebrig vor lauter Wachs sein, kannst du sie mit einer Schicht Schneiderkreide noch einmal herrichten, so dass du wieder einen glatten Abzug bekommst.

Der Nockpunkt

Am besten bringst du sofort einen vorläufigen Nockpunkt an – dafür eignet sich schmales Klebeband. Nach ein paar Schüssen ist deine Sehne eingeschossen und dehnt sich nicht mehr, dann kannst du einen dauerhaften Nockpunkt machen. Genaueres darüber erfährst du im Kapitel 4.4.

7. Die Pflege des Bogens

7.1. Englische Langbogen (und andere Holzbogen)

Behandelst du deinen Bogen gut, so kannst du viele Jahre Freude an ihm haben.
Es sind heute noch einige viktorianische Bogen in Gebrauch. Ab und zu bricht auch mal ein Bogen, das ist eine Tatsache, an der kein Weg vorbeiführt.

Der englische Langbogen mit seinem tiefen Wurfarmquerschnitt ist diesbezüglich besonders gefährdet. Wenn du deinen gesunden Menschenverstand benutzt und ein paar Regeln der Bogenpflege befolgst, kannst du die Lebensspanne deines Bogens aber enorm verlängern.

Was zum Bruch eines Bogens führen kann

- Ein anderer Schütze (mit längerem Auszug) zieht/schießt deinen Bogen.
- Den Bogen lange bei vollem Auszug halten (zwei Sek. sind mehr als genug beim Holzbogen).
- Den Bogen über das normale Maß ausziehen (ohne Pfeil ziehen, Standhöhe viel zu hoch).
- Falsches Aufspannen des Bogens (s. Anleitung zum Spannen des Bogens).
- Falsche Standhöhe (zu tief ist genauso gefährlich wie zu hoch).
- Abnutzung der Sehne bis zum Sehnenriss.
- Ohne Pfeil schießen oder zu leichte Pfeile schießen.
- Einen Bogen schießen, der schon beschädigt ist, wie klein der Schaden auch sein mag.
- Abgreifen[1] auf der Sehne, was zu ungleichmäßiger und unterschiedlicher Beanspruchung der Wurfarme führt.
- Zu enge Pfeilnocken, wodurch die Sehne unter der Wicklung beschädigt werden kann. Das Resultat ist ein Sehnenriss.
- Zu weite Nocken, so dass der Bogen leer (ohne Pfeil) geschossen wird.
- Beim Beginn des Schießens sofort voll ausziehen, anstatt den Bogen erst einige Male halb zu spannen (aufpumpen).
  Besondere Vorsicht musst du bei extrem kaltem Wetter walten lassen.

---

1 Abgreifen (string walking) ist eine Technik der Systemschützen, bei welcher die Fingerposition auf der Sehne höhenvariabel ist.

Was deinem Bogen gut tut

- Regelmäßige Prüfung der Standhöhe. Dafür kannst du auch deine Pfeile als Messwerkzeug benutzen. Das ist besonders wichtig, wenn du eine neue Sehne einschießt.
- Ein gleichmäßiger Abzug (gleichmäßiges Lösen).
- Untersuche nach dem Schießen deinen Bogen auf Macken und Risse, auch während des Schießens, wenn du irgendwo angeschlagen bist.
- Wenn du eine Weile nicht schießt, entspannst du den Bogen am besten. Das gilt vor allem für die heißen Tage, an denen dein Bogen etwas an Kraft verlieren kann.
- Korrektes Aufspannen des Bogens, am besten mit Hilfe einer Spannschnur.
- Kontrolle, ob die Sehne nach dem Spannen immer noch richtig in den Bogennocken sitzt und verstärkte Aufmerksamkeit bei der Verwendung einer geknoteten Sehne.
- Regelmäßige Pflege der Sehne mit Wachs, sofortiger Austausch bei auftretendem Verschleiß.
- Bei kaltem Wetter kannst du die Wurfarme (besonders Eibe) durch Reiben mit der Hand erwärmen.
- Wenn der Bogen lange nicht geschossen wurde, zuerst einige Male nur leicht ausziehen (aufpumpen).

Lagerung und Transport des Bogens

Beim Abspannen des Bogens wirst du vielleicht feststellen, dass die Wurfarme eine leichte Krümmung beibehalten, sie „folgen der Sehne" (sog. Stringfollow).
Durch eine fachgerechte Lagerung kann dieser Entwicklung entgegen gewirkt werden.Das Stringfollow soll nämlich so gering wie möglich gehalten werden, weshalb der Bogen nicht auf einem der Wurfarme stehen darf, sondern entweder an der Sehne aufgehängt oder horizontal auf einem Ständer aufliegen soll (siehe nachstehende Darstellung).

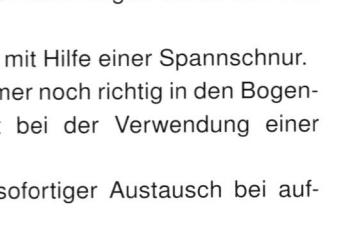

Ich empfehle dir, deinen Bogen in einer Stoffhülle zu transportieren, die nicht wasserdicht ist. Versichere dich, dass der Bogen trocken ist, bevor du ihn weglegst. Einige Bogenschützen befördern ihren Langbogen bei längeren Reisen auch in einem Kunststoffrohr (Abwasserrohr). Der Durchmesser des Rohres sollte ausreichend bemessen sein.

Das Aufspannen des Bogens

Das Wichtigste beim Aufspannen ist mit einem Satz gesagt: Achte darauf, die Wurfarme nicht ungleichmäßig zu belasten, übe also nur auf die Tips und das Mittelteil Druck aus. Wenn du eine einzelne Stelle des Wurfarms überlastest, ist das so, als ob du einen Stock über deinem Knie zerbrichst (siehe Spannanleitung).

Es gibt noch andere Arten, den Bogen aufzuspannen, wie zum Beispiel das Durchsteigen - da du damit aber vielleicht deine Wurfarme verdrehst, kann ich sie dir nicht ans Herz legen.

Meine bevorzugte Methode zum Spannen von Langbogen (speziell englischen) ist mit Hilfe einer Spannschnur.

Dafür ist normalerweise eine zusätzliche Spannkerbe in der oberen Nocke nötig[2].

Setze den Fuß in die Mitte der Spannschnur, damit beide Wurfarme gleichmäßig belastet werden.

Obere Nocke bei englischen Langbogen mit zusätzlicher Kerbe für die Spannschnur.

Eine andere Möglichkeit, den Langbogen zu spannen. Hierbei kann jedoch, bei unkorrekter Ausführung, der untere Wurfarm stärker belastet werden.

Achte bei beiden Methoden auf einen gleichmäßigen Druck und überprüfe Spannschnur und Sehne auf ihren korrekten Sitz.

---

2 Für Bogen ohne zusätzliche Spannkerbe, gibt es Spannschnüre mit eingearbeiteter Lederhülse für die obere Bogennocke.

Allgemeine Pflegehinweise

Es ist gut, seinen Bogen regelmäßig auf Schäden oder Abnutzung hin zu untersuchen. Wenn du deinen Bogen nach dem Schießen trocken reibst oder sauber machst, ist dazu Gelegenheit. Auf jeden Fall aber sollst du deinen Bogen nach dem Aufspannen und vor dem ersten Ausziehen kontrollieren.

Ganz abgesehen von der Überprüfung der Leimfugen legst du besonderes Augenmerk auf die folgenden Punkte:

Kratzer und Beschädigungen des Lacks

Heutzutage gibt es eine Menge guter Mittel zur Versieglung der Oberfläche (nicht nur Lack), frage also am besten bei deinem Bogenbauer nach, wie du den Bogen möglichst gut konservieren kannst.

Beim Putzen kannst du leicht die Oberflächenversieglung prüfen.

Abheben von Spänen auf dem Hickory-Backing

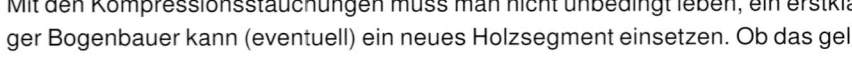

Der Fehler ist meist im Holz selbst zu suchen, kann aber durch Missbrauch des Bogens noch verstärkt werden oder der Zahn der Zeit ist einfach daran Schuld. Wenn man es früh genug bemerkt, kann der Bogen durch eine verstärkende Wicklung noch vor dem Bruch gerettet werden.

Kompressionsstauchungen bei Selfbögen

Diese Stauchungen treten an der Bogeninnenseite (belly) auf und sind ein Zeichen für eine Überbelastung der entsprechenden Stelle.

Mit den Kompressionsstauchungen muss man nicht unbedingt leben, ein erstklassiger Bogenbauer kann (eventuell) ein neues Holzsegment einsetzen. Ob das gelingt, hängt von der Güte, der Art und dem Alter des Bogens ab.

Kompressionsstauchungen können viele Ursachen haben - Missbrauch, Materialschwäche, schlechtes tillern oder einfach ein Alterungsprozess.

Dellen im Holz

Man kann schlecht sagen, ab welcher Größe Dellen nicht nur optische Mängel sind, sondern den Bogen auch in seiner Funktion gefährden.

Wenn Dellen im arbeitenden Teil der Wurfarme liegen, fragst du am besten deinen Bogenbauer um Rat.

Dellen auf der Innenseite sind in der Regel gefährlicher als auf der Außenseite.

Verdrehung der Wurfarme

Bei jedem Bogentyp können sich die Wurfarme verdrehen. Durch Missbrauch, falsche Aufspanntechnik, schlechte Lagerung oder langen Gebrauch.

Trotzdem kann auch ein verdrehter Bogen noch gerade werfen, wenn die Sehne nicht zu weit aus der Mitte herausgelaufen ist oder man die Torsion nicht schon beim Ausziehen in der Hand spürt.

Wenn du diesbezüglich Bedenken hast, wendest du dich damit am besten an deinen Bogenbauer.

Falscher Tiller[3]

Der Tiller kann sich verändern, wenn der Bogen über längere Zeit auf einem der Wurfarme steht/stehengelassen wird. Das wirkt sich besonders bei entspanntem Bogen aus. Eventuell verliert der Bogen auch etwas Leistung.

Er kann überarbeitet und neu getillert werden, wird dadurch aber auch schwächer.

---

3 **Tiller**: Der obere und untere Wurfarm eines Bogens sind nicht gleich stark gearbeitet, da die Bogenhand des Schützen nicht in der geometrischen Mitte des Bogens liegt (sie liegt etwas unterhalb). Die Wurfarme biegen sich durch ihre unterschiedliche Stärke auch unterschiedlich. Das Verhältnis dieser Biegung zueinander nennt man Tiller.

7.2. Die Pflege anderer traditioneller Bogen

Was ich schon über den englischen Langbogen gesagt habe, gilt auch für alle anderen Holzbogen (Flachbogen, Recurves).

Glasbelegte Bogen sind in der Handhabung unempfindlicher als reine Holzbogen. Zur Erhaltung ihrer Leistungsfähigkeit sollten auch sie etwas gepflegt werden.

- Verleih sie nicht an Schützen, die weiter ausziehen als du selbst.
- Achte auf die richtige Spanntechnik, am besten nur mit Spannschnur.
- Niemals bei Flachbogen und Recurves „durchsteigen". Weil das Griffstück so tief gearbeitet ist, kann er sich wegdrehen und dir dabei aus der Hand springen. Gefahr für Verletzungen und Wurfarmbruch!
- Kontrolliere nach dem Spannen den Sitz der Sehne in den Bogennocken, damit die Sehne nicht im Auszug abspringt oder die Wurfarme verdreht werden.
- Der Glasfaserbelag darf keine scharfen Kanten aufweisen, welche die Sehne zerschneiden könnten (vor allem in den Nocken).
- Bogen nach dem Gebrauch entspannen.
- Auch diese Bogen werden am besten waagrecht liegend in einem Gestell untergebracht.
- Die Bogen dürfen nicht direkter Wärmestrahlung (Heizung, heißes Auto im Sommer) ausgesetzt werden.
- Den Glasbelag überprüfst du regelmäßig auf Splitter und Risse oder Beschädigungen des Lacks, wenn nötig fragst du deinen Bogenbauer.

Habe etwas Achtung vor deinem Bogen
Darüber hinaus solltest du, egal wie das Wetter sein mag, deinen Bogen nicht als Propeller, Paddel, Krücke oder als Grabstock benutzen.

Unterwegs...
Deine Ausrüstung reicht wahrscheinlich für einen Tag auf dem Parcours, aber kleine Unfälle passieren eben.
Vielleicht musst du irgendwann mal unterwegs etwas reparieren und dein Auto steht ein ganzes Stück weit entfernt. In solchen Fällen ist es gut, ein bisschen Klebeband oder Zahnseide mitzunehmen, um den Nockpunkt zu reparieren oder eine bereits eingeschossene Ersatzsehne mit korrektem Nockpunkt und einem kleinen Block Bienenwachs dabei zu haben. Ein paar Extra-Nocken und schnell trocknender Kleber würden auch nicht schaden.

8. Der Bau eines einfachen (primitiven) Bogens

Es ist ein unvergleichlich gutes Gefühl, einen selbstgemachten Bogen zu schießen und zu wissen, dass dieser Bogen ein absolutes Unikat ist!
Ich möchte in diesem Kapitel alle interessierten Bogenschützen aufrufen, sich selbst an den Bau ihres Gerätes heranzuwagen. Was man dazu braucht ist eine gesunde Mischung aus Erfindungsgabe, gesunden Menschenverstand, etwas handwerkliche Fähigkeit, Ausdauer (falls der erste Versuch missglückt) und viel Sinn für Humor. Wenn man Bogen, insbesondere Holzbogen schießt, ist man mit Letzterem bereits bestens ausgestattet!

Bogenbau ist ein weites Feld. Selbst über etwas scheinbar einfaches wie den primitiven Bogen ist viel geschrieben worden, was praktischer, historischer, technischer oder auch streitbarer Natur ist. Meiner Meinung nach sollte man zwar beim Bogenbau einige Grundregeln befolgen, braucht sich aber deswegen nicht stur nach irgendwelchen Dogmen richten. Man muss auch nicht unbedingt ein perfekt geeignetes Stück Holz besitzen. Mit Begeisterung und Geschick kann man die Sache angehen.

Oft sind gute Bogen aus mäßigen Hölzern gemacht worden, weil das richtige Design für das entsprechende Holz gewählt wurde und der Bogenbauer seine Sache gut gemacht hat. Die gute Verarbeitung eines zweitklassigen Holzes führt manchmal zu einem besseren Resultat, als die schlechte Verarbeitung eines erstklassigen Holzes.

Die goldene Regel

Lass dich nicht von der Vorstellung entmutigen, dass du gleich beim ersten Versuch den ultimativen Bogen bauen musst.
Dieser Bogen muss nicht umwerfend aussehen oder überragend gut werfen.
Such lieber den Charakter des Holzes und seine Eigenarten und arbeite diese heraus. Dann hast du etwas Einzigartiges geschaffen, das auf eine viele tausend Jahre alte Tradition zurückblicken kann.

Laminatbogen

Das ist nicht der Ansatz, zu dem ich dich in diesem Kapitel ermutigen möchte, aber es ist dennoch eine exzellente Methode, um einen verlässlichen, schnellen Bogen zu bauen: Hauptsächlich geht es darum, das Holz einem bestimmten Bogendesign anzupassen, indem man mehrere Schichten Laminat aufeinander klebt und dadurch das Bruchrisiko verringert. Dadurch kann der Bogenbauer die individuellen Eigenschaften der Materialien zum besten Nutzen einsetzen und damit Leistung und Haltbarkeit des Bogens verbessern.

Heute werden viele englische Langbogen und moderne Flachbogen nach dieser Methode gebaut.

Einen Self-Bogen bauen

Das bedeutet im Klartext, mit dem natürlichen Material eines bestimmten Holzstücks zu arbeiten und dabei die einzigartigen Charakteristiken einzubeziehen.

Die meisten der folgend beschriebenen Bogen gehören zu diesem Typ und meiner Meinung nach sollten alle ‚primitiven' Bogen nach diesem Prinzip gebaut werden.

Das bezieht sich hauptsächlich auf Self-Bogen, aber auch auf Bogen, die nach der Fertigstellung mit Sehnen belegt werden, um sie haltbarer zu machen statt die Leistung zu verbessern.

Was versteht man unter einem „primitiven" Bogen?

Ein primitiver Bogen ist ein einfacher Bogen. Im Englischen wird er als „bent stick" (gebogener Stock) bezeichnet.

Vom technischen Standpunkt her hat beispielsweise ein Langbogen ein einfaches Design. Betrachtet man das Design aber unter Berücksichtigung des verfügbaren Materials, so stellen einige der sogenannten primitiven Kulturen recht anspruchsvolle Bogendesigns her (in Kapitel 9 beschreibe ich die Herstellung solcher Bogen).

Manche Puristen bezeichnen einen Bogen nur dann als primitiv, wenn er mit natürlichen Materialien, einfachsten Werkzeugen und ursprünglichen Bearbeitungstechniken hergestellt wurde.

Für einen Anfänger wäre dies ein bisschen zuviel des Guten, und ich möchte gerade diese Leute nicht entmutigen. Wenn du aber tiefer in den Gebrauch natürlicher Rohstoffe und einfachster Werkzeuge einsteigen willst, wirst du sowieso ausführlichere Informationen über den Bau primitiver Bogen benötigen.

8.1. Warum mit einem Flachbogen beginnen?

An Hand eines Flachbogens werde ich versuchen, d e grundlegenden Prinzipien des Bogenbaus zu erklären.

Die Grundsätze sind fundamental für den gesamten traditionellen Bogenbau, und ein Anfänger wird beim Bau eines Flachbogens eher zum Erfolg kommen als bei einem englischen Langbogen, der einen tieferen Wurfarmquerschnitt hat, weil:

- man bei einem Flachbogen aus einer größeren Auswahl an Hölzern zurückgreifen kann.
- der Bogen auf Grund seines flachen Querschnitts nicht so stark zu Kompressionsbrüchen neigt.
- ein Bogen mit langen Wurfarmen nicht so schnell bricht.
- sich ein Bogen mit breiten, flachen Wurfarmen nicht so schnell verdreht und leicht zu richten ist, wenn das der Fall sein sollte.
- weniger Stringfollow zu erwarten ist, da die Holzfasern der Bogeninnenseite nicht so stark belastet werden.
- man sich bei einem Flachbogen eher Fehler in der handwerklichen Bearbeitung erlauben kann:
  Wird der Bogen beispielsweise zu schwach, kann man ihn kürzen und neu tillern. Dabei wird der Bogen vielleicht kürzer als ursprünglich geplant, aber wir visieren von vornherein eine Bogenlänge von 62 bis 68 Zoll an.

Trotz all dem habe ich für alle diejenigen, die sofort ins kalte Wasser springen wollen und die gutes Holz zu Verfügung haben, am Ende dieses Kapitels auch die Maße und Zeichnung eines englischen Langbogens angegeben, sowie im Kapitel 9 die Maße für drei weitere, einfache historische Bogendesigns.

Der pyramidale Bogen

16 mm

8 mm

7,6 cm

10 cm

5 cm

9,5 mm

13 mm

12,7 cm

2,5 cm

Griff

32 mm

5 cm

152 cm

*Querschnitt durch
die Wurfarmmitte*

Wie bereits angesprochen, kann ein Bogen mit breiteren Wurfarmen insgesamt kürzer gehalten werden. Extremiert man dieses Prinzip, ergeben sich ganz neue Möglichkeiten bezüglich der Bogenhölzer.

Ein Bogen, der sich hauptsächlich in der Breite, und nicht in der Dicke der Wurfarme verjüngt, ist eben nicht so stark belastet, wodurch billigere und leichter zu beschaffende Hölzer verarbeitet werden können.

In so einem Wurfarm können auch kleine Unregelmäßigkeiten (Knoten oder Löcher) sein.

Da durch dieses Design das ‚Stringfollow' stark eingeschränkt wird, kommen hier auch Hölzer zum Zuge, die diesbezüglich ansonsten besonders schlecht abschneiden.

Was sonst in den Mülleimer und in den Ofen wandern würde, wird auf einmal zu einem wunderschönen Bogen mit viel Charakter! Beispiel: Ich habe einen pyramidalen Bogen aus afrikanischem Walnussholz gemacht. Das Holz ist relativ weich und leicht mit 2–3 Jahresringen pro Zoll.

Die Angaben zum pyramidalen Bogen basieren auf eben jenem Bogen.

In den USA werden solche Bogen immer beliebter, und bei ihrem Bau entdeckt man (wieder) neue geeignete Hölzer.

Man hat sogar einige Stücke Pappel und Zeder verarbeitet (auf dichte Jahresringe achten). Diese Bogen wurden zur Sicherheit mit einem Backing versehen.

Ein Eibenholz, das sich nicht zum Bau eines englischen Langbogens eignet, gibt immer noch sehr gutes Bogenholz für Flachbogen ab.

Ideal sind Bäume, die relativ dick sind und deren Jahresringe deshalb nur leicht gekrümmt sind. Das Holz kann dabei ruhig etwas unregelmäßig sein.

Der Paddel-Bogen

Auch dieses Design, bei dem die am stärksten arbeitenden Bereiche der Wurfarme am breitesten sind, hilft bei der Verwendung von problematischem Holz. Der Meare-Heath-Bogen ist ein Beispiel dieses Bogendesigns.
Die Maße und weitere Informationen dazu findest du in Kapitel 9.

Das empfohlene Bogendesign für den Erstversuch

- Bogenholz und Bogendesign sollen zueinander passen.
  Wähle also das richtige Design für ein bestimmtes Holz, bzw. such dir das richtige Stück Holz aus, wenn du einen bestimmten Bogentyp bauen möchtest.
- Als Faustregel gilt, dass dein Bogen mindestens doppelt so lang sein sollte wie deine Auszugslänge. Für einen Bogen mit steifem Mittelteil empfehle ich den Faktor 2 ½.
- Bei einer Bogenlänge von weniger als 62 Zoll ist ein elliptischer Tiller oder ein elliptisches Seitenprofil geeigneter, als das Profil der längeren Bogen.
  (Näheres dazu später in diesem Kapitel).
- Vermeide harte Übergänge im Profil des Bogens. Der Übergang vom Mittelteil zum Wurfarm soll beispielsweise fließend gestaltet werden. Achte darauf, die Querschnittsfläche des Bogens nicht abrupt zu verringern. Wenn der Wurfarm an einer Stelle dünner wird, muss er dort zum Ausgleich etwas breiter gehalten werden.
- Halte die Bogenocken leicht und schmal. Wenn du Bedenken bezüglich ihrer Belastbarkeit hast, kannst du sie verstärken. Verwende natürliche Sehnenmaterialien oder Dacron, auf alle Fälle dehnbares Garn, denn dadurch wird der Abschussschock verringert.
- Falls die Jahresringe des Holzes auf der Außenseite des Bogens durchbrochen oder verletzt sind, musst du ein Backing[1] aufbringen.
  Ebenso bei Bogen, deren Wurfarm schmaler als 1,5 Zoll sind. Letztendlich ist das Holz und das Design Ausschlag gebend. Im Zweifel immer ein Backing aufbringen!

Wenn du deinem Bogenholz nicht allzu viel zutraust, machst du den Bogen länger, breiter oder beides. Man kann später leicht noch Holz wegnehmen, es wieder aufzubringen ist dagegen doch sehr viel schwieriger!

---

1 **Backing** = Belag auf der Bogenaußenseite, zur Aufnahme der Zugkraft.
  Kann aus Rohhaut oder pflanzlichen Faserstoffen oder aus anderem Holz bestehen.

8.2. Bogendesign und Holzauswahl

Die Angaben in diesem Kapitel berücksichtigen auch einige handwerkliche Schnitzer beim anfänglichen Bogenbau. Wenn du die Maße einhältst, sollte dein Bogen ungefähr 50–65 lb stark werden, je nach der Art des Holzes und wie sorgfältig getillert wurde.

Hast du kein gutes Holz zur Verfügung, baust du vielleicht besser einen pyramidalen Bogen, der ein klassisches Design darstellt, schnell wirft und sich gut schießen läßt.

Welches Zuggewicht?

Das Zuggewicht lässt sich im Voraus nicht genau bestimmen. Es hängt nämlich nicht nur von der Dimensionierung des Bogens ab, sondern auch von der Holzsorte, der Dichte der Jahresringe und dem Seitenprofil des Bogens. Von einem breiten Wurfarm ausgehend, kann man immer noch Material wegnehmen, um den Bogen zu schwächen. Will man das Zuggewicht aber erhöhen, muss man den Bogen kürzen oder ein Backing aufbringen.

Backing oder nicht - das ist hier die Frage!

Bei einem breiten Wurfarm sind die Zugbeanspruchungen auf den Holzfasern der Bogenaußenseite geringer als bei einem schmalen und tiefen Wurfarm.

Ein Backing ist deshalb hier nicht so notwendig. Aber vielleicht möchtest du ja auf Nummer sicher gehen? Ein Backing ist unter folgenden Bedingungen in Erwägung zu ziehen:

- bei minderwertigem Holz
- bei Wurfarmen schmaler als 1½ Zoll (= 3,8 cm); gemessen an der breitesten Stelle
- bei kurzen Bogen (unter 64 Zoll = 162,6 cm)
- wenn man die Lebensdauer des Bogens erhöhen will

Das Backing kann zu zwei unterschiedlichen Zeitpunkten aufgebracht werden:

- Vor dem Tillern durch Aufleimen eines zugfesten Holzes (z.B. Hickory) auf den Rohstab,
- oder nach dem Tillern. Dann wird ein Rohhaut- oder Textilbacking verwendet.

Ein Eibenbogen mit einer Splintholzschicht braucht normalerweise kein Backing. Die Jahresringe dürfen auf der Außenseite des Bogens aber nicht durchtrennt sein und die Splintholzschicht muss bei einer guten Jahresringdichte mindestens ¼ Zoll (= 6 mm) stark sein. Liegen die Jahresringe weit auseinander, sollte die Schicht noch dicker sein.

Wie man das Backing aufbringt, wird unter 8.4. in diesem Kapitel noch beschrieben. Ich habe dabei die Sehnenbackings außer Acht gelassen, denn das ist ein Fall für sich, der eine arbeitsintensive Spezialtechnik erfordert. Das Trocknen des Bogens dauert allein schon Monate.

Bogenholz

Ich möchte hier an dieser Stelle nicht beschreiben, wie man sich den richtigen Baum aussucht, wann man ihn schlägt, das Holz ablagert und so weiter.

Dieses knapp gehaltene Kapitel ist für die Bogenschützen gedacht, die sich einmal im Bogenbau versuchen möchten, um zu sehen, ob es ihnen Spaß macht.

Wenn man sich intensiver mit der Materie auseinander setzten will, braucht man ohnehin viel genauere Angaben, als ich sie hier mache. Mittlerweile sind einige Bücher über das Bogenbauen auf dem Markt, die sowohl primitive Bogen wie auch laminierte glasbelegte Bogen behandeln.

Als Anfänger besorgt man sich am besten ein bereits gehobeltes Stück Holz, da hier der Faserverlauf und Zustand des Stücks am deutlichsten sichtbar sind. Wer sich mehr zutraut kann auch anderes Holz verwenden.

Gut ist luftgetrocknetes Holz, das unter kontrollierten Bedingungen und reichlicher Frischluftzufuhr in einem gutgeschichteten Stapel gelagert worden ist.

Der Feuchtigkeitsgehalt des Holzes soll bei 10–12 % liegen. Hat man keine gute Holzhandlung zu Verfügung, muss man selbst auf ein paar Dinge achten.

Das Holz soll nicht oben vom Stapel kommen, wo es den Wetterbedingungen am stärksten ausgesetzt ist. Es soll aber auch nicht ganz unten gelegen haben, wo vielleicht zu viel Wasser war. In Verkaufsräumen ist die Luft oft so trocken, dass dadurch das Holz spröde wird. Meide auf jeden Fall krumme, verdrehte oder löchrige Hölzer. Falls dir dein Holz zu trocken vorkommt und du etwas Geduld hast, kannst du es (abgedeckt) ein bis zwei Jahre draußen lagern. Der Feuchtigkeitsgehalt steigt wieder an.

Auf alle Fälle baust du lieber einen breiteren Bogen, wenn du Zweifel an deinem Holz hegst.

Man kann aus vielen Hölzern gute Bogen bauen. Alle Hölzer haben ihre Nachteile, die Besten unter ihnen den, dass man sie nicht bekommen kann!

Lass dich nicht von dem Dogma entmutigen, dass du unbedingt das perfekte Stück Holz brauchst, um einen Bogen bauen zu können.

Sei flexibel. Wenn dein Holz Schwächen hat, musst du das mit einem passenden Design ausgleichen.

Wie schon gesagt, kannst du in einem breit gehaltenen Bogen viele Holzsorten verarbeiten, vielleicht entdeckst du auch ganz neue Bogenhölzer. Wenn dir also jemand gratis ein Stück aus einem vielversprechenden Baum anbietet, solltest du zugreifen und einen breiten Bogen in Betracht ziehen (siehe Kapitel 9).

Geeignete Bogenhölzer

(Diese Liste erhebt keinen Anspruch auf Vollständigkeit)
Bemerkung: Die unten stehenden Hölzer habe ich alle selbst verarbeitet.
Achte darauf, dass einige davon allergische Reaktionen hervorrufen können und viele (tropische) Hölzer giftig sind. Holzstaub jeder Sorte ist gesundheitsschädlich, mancher sogar krebserregend (beim Schleifen Staubmaske verwenden!).

Esche
Esche ist ein relativ preisgünstiges und leicht zu beschaffendes Holz, aus dem seit Jahrhunderten gute, teilweise auch herausragende Bogen gemacht wurden.
Esche ist hart und langfaserig. Man muss den Faserverlauf beachten, besonders bei englischer Esche, sonst kann sich der Bogen verziehen.
Amerikanische Esche hat generell einen geraderen Faserverlauf. Das Holz neigt zum Stringfollow, weswegen ein breiterer (mind. 1 ½ Zoll) oder längerer Bogen eine gute Wahl ist.

Bambus (Rohr)
Streng genommen ist Bambus gar keine Holzart sondern ein Gras.
Viktorianische Langbogen wurden oft mit Bambus belegt und es ist eine gute Alternative zu Hickory. Wenn man mit Bambus laminiert, sollte man ein Rohrstück mit einem breitem Durchmesser in Streifen schneiden und dabei so viele von den starken äußeren Fasern erhalten wie möglich.
Die Knoten auf dem Rücken kannst du intakt lassen oder durchschneiden, aber denk daran, dass diese Stellen die schwächsten sind. Ein Bogen, der komplett aus laminiertem Bambus gemacht wurde, ist ziemlich robust, liegt aber ein bisschen schwer in der Hand.

Walnuss
Sieht gut aus und ist leicht zu bearbeiten. Durch die dunkle Färbung sind Unregelmäßigkeiten im Holz oft nur schwer zu erkennen. Also gut aussuchen und genau hinschauen. Schmalere Bogen sollten mit einem Backing versehen werden.

Akazie (Scheinakazie, Robinie, Black Locust)

Dies ist ein sehr gutes Bogenholz. Akazie neigt auch zum Stringfollow, hier baut man ebenfalls länger / breiter. Sind die Wurfarme schmaler als 2 Zoll, Backing aufbringen.

Ulme

Wenn man Ulme bekommen kann (sehr schön gezeichnet), gibt das einen vorzüglichen Flachbogen ab. Besonders gute Stücke eignen sich auch für englische Langbogen. Ulme ist langfaserig und schwierig zu spalten.

Bergulme

Die Bogenbauer des Mittelalters haben aus diesem Holz gute Bogen gemacht. Es ist hart, langfaserig und fast nicht zu erhalten.

Greenheart

Ein sehr hartes Holz aus dem man einen Bogen mit hohem Zuggewicht machen kann. Halte Ausschau nach Rissen, da die korrekte Trocknung und Lagerung eine große Rolle spielt. Staub und Späne können giftig sein

Goncalo Alves

Dekoratives Holz, das sich gut zu einem breiten Bogen verarbeiten lässt.

Hickory

Viele Bogenbauer halten nichts von Hickory, aber ein gutes Stück ergibt einen sehr guten Bogen. Hickory ist recht schwer, dafür kann man manchmal sogar die Jahresringe auf der Bogenaußenseite verletzen, ohne direkt dafür bestraft zu werden. Wie Esche ist Hickory hart, langfaserig und muss sorgfältig bearbeitet werden.

Goldregen

Daraus kann man ausgezeichnete Bogen machen. Das Splintholz trocknet schnell und wenn man das Holzstück spaltet, kann man aus dem Kernholz einen brauchbaren Reflexbogen bauen. Dieses Holz ist giftig.

Zitronenholz

(Stammt nicht vom Zitronenbaum, sondern heißt so wegen seiner gelben Farbe).
Das heutige Zitronenholz ist nicht das „Degame"- Holz von früher, sondern eine andere Holzsorte, die sich aber auch zum Bogenbau eignet. Man sollte es mit einem Streifen Hickory als Backing belegen, besonders beim Bau eines englischen Langbogens.

Osage Orange

Wie alle guten Bogenhölzer ist es sehr schwer zu bekommen, von unterschiedlicher Qualität, teuer und schwer zu bearbeiten. Es ist robust und ergibt einen guten Bogen. Einem Anfänger würde ich davon abraten.

Pequia

Ähnlich wie Zitronenholz in Farbe und Eigenschaft. Backing bei schmalen Wurfarm. Kann beim Trocknen schnell rissig werden.

Zuckerahorn

Wird für die meisten glasbelegten Recurves und Langbogen verwendet.
Obwohl sehr hart, lässt er sich doch gut bearbeiten. Man kann englische Langbogen oder Flachbogen daraus herstellen, die kein Backing benötigen.
Sogar eine Verletzung der Jahresringe auf der Außenseite des Bogens ist bei manchen Stücken ohne Folgen möglich. Achte auf schwer erkennbare Risse oder Unregelmäßigkeiten.

Eibe

Leicht zu bearbeiten, aber schwer zu ergattern.
Es ist zwar das ideale Bogenholz, wie ich schon am Anfang erläutert habe, ich würde es aber keinem Anfänger anraten.
Die Verarbeitungshinweise füllen ganze Bände und dem werde ich hier nichts hinzufügen! Eibe ist giftig und viele der heutigen Bogenbauer sind vom Eibenstaub krank geworden.

Rohmaterial

Wenn man Holz für den Bogenbau fällt, trocknet und lagert, gibt es viele Faktoren die beachtet werden müssen. Wenn du im Besitz eines brauchbaren Stamms bist oder dir jemand einen Baum anbietet, findest du folgende Richtlinien vielleicht hilfreich.

Fällen und Lagern

Wie lange man Holz lagern muss wird bestimmt von:
* Der Art des Holzes.
* Der Jahreszeit in der es gefällt wird. Es gibt eine Vielzahl von Theorien über die beste Zeit, einen Baum zu fällen. Es geht dabei um die Feuchtigkeit des Holzes. Einige Bogenbauer halten den Frühling für die beste Zeit, um Eibe zu schlagen.
* Das Klima, in dem das Holz gelagert wird.

Feuchtigkeitsgehalt und Schrumpfung

Wie sehr ein Stück Holz beim Trocknen zusammenschrumpft, hängt von der Holzart und von der kontrollierten Trocknung ab. Ofengetrocknete Akazie schrumpft volumenmetrisch um etwa 10 %, während manche Hickory-Arten um 17% schrumpfen. Bei frisch geschlagenem Holz ist der Feuchtigkeitsgehalt in Splint- und Kernholz unterschiedlich hoch. Normalerweise ist das Splintholz feuchter, aber es gibt Ausnahmen, z.B.: Eiche und Hickory.

Idealerweise trocknest du das Holz, bis es ein angemessenes Maß für das Klima erreicht hat, in dem es bearbeitet und benutzt wird. Wenn du das Holz lufttrocknen willst, lautet die grobe Regel:

1 Jahr Trocknungszeit für jeden Zoll Durchmesser des Stücks.

Aber auch das hängt von der Spezies und den Lagerbedingungen ab. Falls du mehrere Bogen aus verschiedenen Hölzern machen möchtest, empfehle ich dir einen elektronischen Feuchtigkeitsmesser (es gibt auch Geräte, bei denen man keine Messnadeln ins Holz stecken muss). Achte darauf, dass das Gerät Holz mit der Tiefe eines durchschnittlichen Bogenrohlings (mind. 1 ½–2 Zoll) messen kann. Du kannst mit der Bearbeitung des Holzes anfangen, wenn das Gerät in England 13–14 % anzeigt.

Lagern und altern des Bogenholzes

Achte darauf, dass dein Bogenholz angemessen gelagert wurde und altern konnte, bevor du mit der Arbeit beginnst. Bogen aus frisch geschlagenem oder noch feuchtem Holz sind anfälliger für ‚Stringfollow' und verziehen sich später oft.

Es ist immer riskant, einen Stamm zu früh zu spalten oder die Rohlinge nicht lange genug trocknen zu lassen. Du solltest also immer das Risiko abwägen, wobei es sich manchmal nicht vermeiden lässt, sehr große Stämme für den Transport zu spalten. Ein paar Grundregeln für das Lagern und Altern:

- Behandle das Holz vor dem Lagern: Versiegle beide Enden und alle Rindenschäden möglichst früh mit wasserdichtem Abdichtmittel. Achte darauf, dass die Rohlinge bei der Lagerung abgedeckt sind, aber Luft an das Holz kommen kann. Am besten lagerst du sie in einer unbeheizten, gut belüfteten Hütte. Lass es nicht auf dem Boden liegen und achte darauf, dass es sicher ruht. Versiegle das Mark bei frisch geschlagenem Holz, besonders bei Eibe.
- Wende das Holz regelmäßig. Dadurch kann es gleichmäßig trocknen und du kannst es nach Insektenschäden und ähnlichem überprüfen.
- Vermeide es, Holz dort zu lagern, wo es extremer Hitze oder Kälte ausgsetzt ist, sonst kann es beim Trocknen rissig werden.

  Wenn du Holz im Haus lagerst, sollte es ein unbeheizter Raum mit ungefähr gleichbleibender Temperatur sein. Der Dachboden eignet sich aus diesem Grund nicht.

Den Stamm spalten

Schau dir den Holzverlauf im Stamm gründlich an. Drehe und wende das Holzstück und bedenke dabei folgendes:

- Auf einer Seite sind vielleicht mehr oder weniger Knoten, je nachdem welche Seite wie viel Sonnenlicht abbekommen hat.
- Wegen des Faserverlaufs eignet sich der untere Anfang des Stamms nicht zum Weiterverarbeiten, also denke daran, wenn du die Länge deines Rohling berechnest.
- Ist der Stamm verzogen? Die reflexe Seite ist vielleicht nützlicher.
- Schau dir die Jahresringe an beiden Enden des Stammes an. Sind sie an einem Ende breiter, deutet das auf Spannungen im Holz hin. Die Jahresringe in deinem Bogen sollten so gleichmäßig wie möglich sein.
- Meide verdreht gewachsenes Holz wie z.B. Holz von Bäumen, die an Abhängen oder Schräglagen gewachsen sind und deshalb eine extreme Biegung haben.

- Manche Hölzer lassen sich leichter spalten als andere. Ulmen sind zum Beispiel besonders hart.
- Wenn sich der Stamm schon an irgendeiner Stelle spaltet, sollte dir das zu denken geben!
- Schau dir den Stamm an und versuche dir die gewünschte Form deines Bogens vorzustellen. Miss die Länge und denk dabei an Knoten und andere Auswüchse. Ein Maßband und ein Stück Kreide sind dabei ganz hilfreich.
  Das perfekte Stück Bogenholz findet man in der Natur nur selten, also lass dich auf Kompromisse ein.
- Die Herausforderung ist, aus dem vorhandenen Material den bestmöglichen Bogen zu machen.

8.3. Materialien und Werkzeuge

Klebstoffe

Um ein Holzbacking aufzuleimen oder ein Griffstück zusammenzufügen, sollte man Kunstharzkleber verwenden. Oder Zwei-Komponenten-Epoxy, aller benutzen, der allerdings teuer und nicht so leicht zu verarbeiten ist. Weißleime auf PVA-Basis sind nicht geeignet. Die Holzoberfläche muss eben, sauber, fett- und staubfrei sein.

Wenn du ein anderes Backing aufbringen willst, richtet sich der Klebstoff nach dem Material des Backings. Knochenleim ist beispielsweise gut für Rohhaut. Kontaktkleber eignet sich für manche technisierteren Stoffe (neulich sah ich einen Bogen, dessen Backing aus einem Streifen eines Sicherheitsgurtes bestand).

Entfetten

Vor dem Leimen sind alle Klebeflächen mit Aceton oder anderen Lösungsmitteln zu entfetten. Ich schlage vor, dass du während dieses Arbeitsgangs nicht rauchst.

Das Tillerbrett

Zu seiner Herstellung brauchst du ein gutes Stück Hartholz. So ein Tillerbrett ist nötig, damit du die Biegung der Wurfarme beim Bau des Bogens beobachten kannst. Du spannst den Bogen auf dem Holz und siehst aus ein paar Schritt Entfernung eventuelle Unregelmäßigkeiten sehr viel besser.

Manche Bogenbauer haben auch Edelversionen, bei denen der Bogen in eine Wandhalterung eingelegt wird und dann mittels Umlenkkabel und Flaschenzügen ausgezogen wird.

6" = 15 cm
Je 1"
32" = 81 cm

Tillerbrett

Zur Herstellung dieses Tillerbretts benötigst du ein gutes Stück Hartholz in den Abmessungen 5 x 10 x 90 cm.

Wenn du nicht so viele Bogen auf dem Brett tillern willst, genügt es, alle 5 bis 7,5 cm eine Kerbe zu sägen.

Schneide die Kerben quer zu den Jahresringen.

Sehnen zum Bogenbauen

Für den Bau deines Bogens benötigst du zwei extra Sehnen, die auf 100 Pfund Zugkraft ausgelegt sein müssen. Die eine ist 1 Zoll (2,54 cm) länger als der Bogen und wird zum ersten vorsichtigen Biegen der Wurfarme benutzt, die andere ist 2 Zoll (5,08 cm) kürzer und dient zur weiteren Bearbeitung.

Natürlich kannst du auch eine einzige Sehne mit einem verstellbaren Knoten verwenden, aber der Knoten kann verrutschen oder die Sehne verdrehen, wodurch dann auch der Wurfarm verdreht wird, wenn man nicht aufpasst.

Werkzeuge

Raspeln und Holzfeilen: Ich habe verschiedene Feilen (feiner oder grober) mit rundem oder flachem Profil, je nachdem, wieviel Holz ich wegnehmen möchte. Kauf dir nur Qualitätswerkzeug. Bei den Billigfeilen kannst du nur den Griff gebrauchen, den Rest wirfst du gleich weg, denn die Zähne werden schnell stumpf, sind ungleichmäßig hoch und zu weit auseinander. Es ist eine Wonne, mit einer guten Raspel zu arbeiten, und es schont auch das Holz. Mit einer halbrunden Feile kann man exzellente Ergebnisse erzielen, aber es dauert eine Weile, bis man mit ihr richtig umgehen kann.

Ziehmesser: Nicht notwendig, aber nützlich, um Rinde und größere Stück aus dem Rohling zu schneiden. Es muss immer scharf gehalten werden, damit es das Holz nicht aufreißt.

Hobel: Eignet sich besonders, um in der Anfangsphase große Stücke zu entfernen. Setz den Hobel aber mit Bedacht ein, denn es ist schnell passiert, dass man ein Stück zuviel entfernt.

Schaber: Du kannst spezielle Holzschaber kaufen (mit geraden, konvexen oder konkaven Klingen) oder aber auch den Rücken alter Sägeblätter, Taschenmesser, Einwegklingen und sogar Glasscherben benutzen.

Rundfeile/-raspel (für die Nocken): Wenn du keine Rundfeile hast, kannst du auch eine kleine Bügelsäge benutzen, die ein Granulatsägeband für Keramik hat.

Schmirgelpapier: Verschiedene Korngrößen.

Waage: Hand- oder Federwaage, die bis zu 100 lb anzeigen.

Lineal, Maßband: Sehr nützlich, um am Anfang die Abstände einzuzeichnen. Benutz es aber nicht ständig, sondern versuche lieber ein gutes Augenmaß zu entwickeln.

8.4. Spleiß und Backing

Baut man einen Bogen mit einem zusammengefügten Mittelteil, kann die Bearbeitung der Wurfarme später dadurch leichter ausfallen, da der obere und untere Wurfarm die gleiche Holzstruktur aufweisen (das Holz lag ja im Stamm nebeneinander).

Der W-Spleiß (Schwalbenschwanz-Spleiß) und der Z-Spleiß sind haltbarer als der einfache V-Spleiß, da bei diesen die Leimfläche größer ist.

Beim Zusammenklammern rutschen die beiden Bogenhälften gerne seitlich auseinander. Deshalb muss man sie entweder in Längsrichtung irgendwie einspannen (auf einem Brett fixieren) oder man treibt einen Hartholzdübel durch die Verbindungsstelle. Du kannst deine Leimstelle noch zusätzlich mit einer Wicklung aus Angelschnur (80 lb) versehen, die du mit Kleber versiegelst, bevor du mit der Bearbeitung des Stabes anfängst.

ca. 10 cm

Z – Spleiß

V – Spleiß

W – Spleiß

Beim Verleimen geht es darum, möglichst viel Klebefläche zu schaffen. Der Z- und der W-Spleiß sind daher besser als der V-Spleiß.

Wie man ein Holzbacking aufleimt

An Stelle eines Rohhautbackings kannst du auch ein Holzbacking aufleimen, bevor du mit der Stabbearbeitung anfängst. Normalerweise nimmt man dafür Hickory, Zuckerahorn oder Bambus funktionieren aber auch.

Schneide dir einen 3 mm dicken Streifen (oder besorge ihn von einem Bogenbauer). Glätte und entfette die Leimoberflächen. Als Leim benutzt du Epoxy oder pulverigen Kunstharzleim. Du kannst das Backing mit Gummibändern (alter Schlauch eines Motorradreifens) auf dem Stab zum Aushärten des Leims fixieren.

Wickle den Schlauch so fest wie möglich um den Stab.

Mit Schraubzwingen geht die Sache leichter und die Leimfuge sieht hinterher auch besser aus. Du legst den Stab dafür auf ein Brett und deckst ihn auf der anderen Seite noch mit einem Streifen Sperrholz (Druckverteilung) ab. Die Zwingen sollten im 7,5 cm-Abstand (oder enger) sitzen.

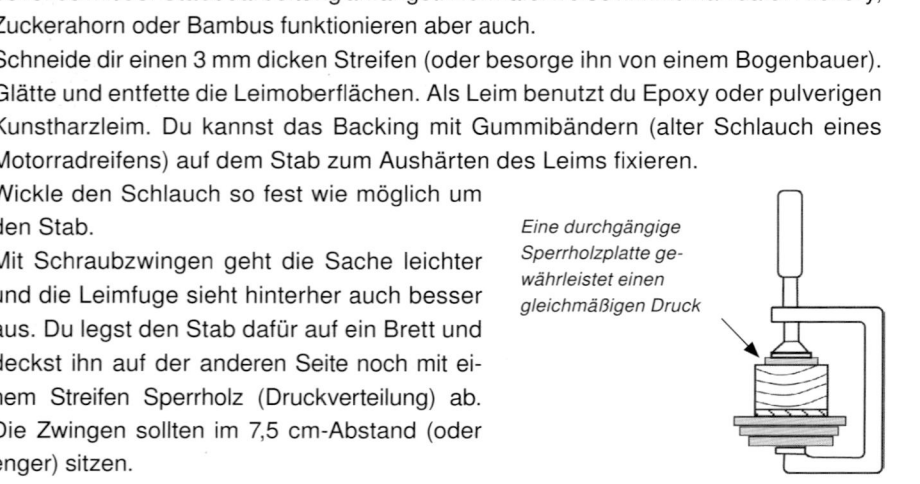

Eine durchgängige Sperrholzplatte gewährleistet einen gleichmäßigen Druck

8.5. Arbeitsablauf

Größe und Beschaffenheit des Rohstabes

Idealerweise (dadruch wird der Bogenbau vereinfacht) sollte dein Rohling gleich-mäßig verlaufende und dichte Jahresringe haben und ·rei von Knoten, Rissen oder Astlöchern sein. Aber wie das Leben nun mal so spiel:, sieht die Praxis oft anders aus. Ein weniger perfektes Stück gibt dafür aber auch einen charakterstärkeren Bogen ab. Man passt das Design dem Holz an und arbeitet entlang der Maserung und/oder macht den Bogen breiter.

Dichte Hölzer wie Zitronenholz reagieren auf Änderungen im Faserverlauf nicht so empfindlich wie andere Hölzer. Wenn dein Holz Schwächen hat, machst du den Bogen länger und/oder die Wurfarme breiter.

Für unseren Flachbogen brauchen wir einen 72 Zoll langen und 2 Zoll x 1¼ Zoll starken Rohling (etwa 183 cm lang und 5,1 cm x 3,2 cm stark). Der Einfachheit halber soll der Faserverlauf dabei parallel zur Längsseite verlaufen (siehe Zeichnung). Wenn man kein gutes Stück von dieser Länge auftreiben kann, besorgt man sich ein 40 Zoll (101,6 cm) langes und entsprechend breiteres Holz, das man spalten und im Griffbereich zusammenfügen kann (wie auf der vorhergen Seite beschrieben).

Am besten gehst du mit einem Zollstock in die Holzhandlung und misst selbst nach. Einige Händler geben die Abmessungen vor dem Hobeln an und das entspricht dann nicht der eigentlichen Dimensionierung, die du benötigst.

Der Faserverlauf des Holzes sollte möglichst parallel zur Brettoberfläche sein.
Zur Not verwendet man ein besonders großzügig dimen-sioniertes Brett, wie es links gezeigt wird.

Bemerkung:

Man kann auch einen breiten Bogen bauen, bei dem die Jahresringe senkrecht zur Oberfläche stehen. Allerdings muss der Faserverlauf dann gleichmäßig durch die gesamte Bogenlänge verlaufen, sonst verzieht sich der Bogen.

Manche Bogen der Steinzeit waren so gebaut.

Entlang der Faser arbeiten

Vielleicht findest du beim Aussuchen des Holzes ein Stück, das dich dazu ermutigt, beim Herausarbeiten des Bogenrückens (Bogenaußenseite) dem Verlauf eines Jahresringes zu folgen.

Einem Anfänger mag diese Prozedur hoffnungslos erscheinen, aber bei einigen Hölzern (Esche) lässt sich das mit einer Raspel oder Feile recht einfach bewerkstelligen.

Ich empfehle dazu Rohlinge mit 10–15 Jahresringen pro Zoll (pro 2,54 cm).

Das hört sich alles ziemlich arbeitsaufwendig an, dafür ist die Bearbeitung des Bogenbauches (Innenseite) dann später einfacher, da das gleichmäßige Auslaufen der Jahresringe jetzt eine gute optische Kontrolle für eine gleichmäßige Reduzierung der Wurfarm-Stärke (Taper[2]) ist. Das sieht sehr gut aus, besonders, wenn die Jahresringe etwas verworfen sind.

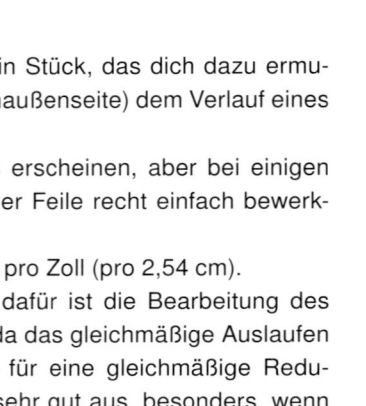

Je nachdem, wie dicht die Jahresringe im Holz sind und wie stark der Wurfarm getapert ist, erscheint der „Welleneffekt" unterschiedlich stark.
Die Wurfarme des oberen Bogen sind wenig getapert, entsprechend wenige Jahresringe sind sichtbar.

Dieser Bogen hat einen starken Taper, es sind mehr Jahresringlinien zu erkennen.

---

2 **Taper** = Verjüngung des Wurfarms, der Wurfarm wird zum Ende hin dünner / schmaler.

Die grundlegenden Arbeitsschritte

Amerikanischer Langbogen
(Zeichnung ist nicht maßstabsgetreu)

Zunächst musst du eine Mittellinie auf dem Stab einzeichnen, die auch Mittellinie des Bogens ist. Sie stellt die Bezugslinie für die weitere Bemaßung dar.

An den Bogennocken lässt du etwas mehr Holz stehen, damit du hier noch Platz für Korrekturen hast, wenn sich später herausstellt, dass ein Wurfarm verdreht ist.

Wie schon angesprochen, machst du den Wurfarm lieber etwas breiter, wenn dein Holz nicht ganz so ideal ist.

Du sägst oder hobelst alles so weit weg, dass die Markierungsstriche noch stehen bleiben.

Jetzt kannst du den Bogenbauch, Rücken und die Seiten glätten, so dass sich das Holz leichter biegen lässt.

Dafür benutzt du Hobel, Raspel oder Feile.

Auch die vom Sägen scharfen Kanten werden gerundet. Wenn du kein Holzbacking aufgelegt hast, arbeitest du zuerst am Bogenrücken (Außenseite) entlang eines einzelnen Jahresringes, wie vorher beschrieben.

Sobald der Stab etwas elastisch geworden ist, biegst du ihn ganz leicht, indem du ihn mit einem Ende auf den Boden setzt und mit einer Hand etwas auf das Mittelteil drückst. Dadurch bekommst du einen ersten Eindruck von der Form des Bogens, seiner Zugkraft, und siehst, ob die Wurfarme unterschiedlich stark sind.

Das ist nur eine sehr grobe Messung, die eigentliche Arbeit wird später am Tillerbrett gemacht.

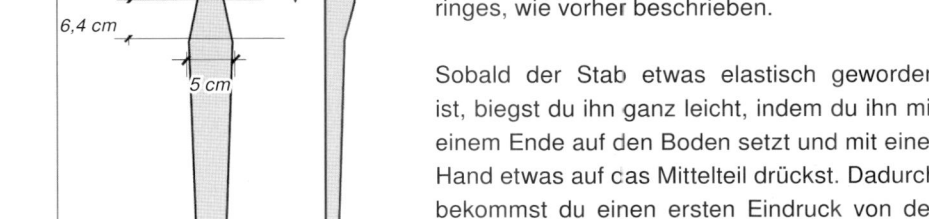

Querschnitt durch den Wurfarm im Mittelbereich (Bogen mit Backing)

107

Was beim Bearbeiten des Bogens zu beachten ist

- Vermeide plötzliche Änderungen im Profil des Bogens.
- Glätte alle Bearbeitungsspuren im Holz (Säge- und Raspelriefen) vor dem Tillern. Achte besonders auf den Rücken des Bogens.
- Um Knoten und Astlöcher lässt du das Holz dicker stehen, so wie aus der Zeichnung unten ersichtlich. Diese Schwachstellen werden dadurch verstärkt.
- Besonders der Bogenrücken sollte schön glatt und frei von Bearbeitungsspuren sein.
- Es ist eine gute Sache, oft und regelmäßig den Stab entlang zu schauen. So sieht man es besser, wenn ein Bogen aus der Flucht läuft.
- Lass dir beim Bogenbau Zeit! Leg Kaffee-/Teepausen ein und, wenn du müde wirst oder keine Lust mehr hast, lässt du die Sache eine Weile ruhen.
- Benutze das richtige Werkzeug für die Arbeit, die gerade ansteht. Wenn du den Bogen nur um ein paar Pfund abarbeiten willst, ist eine Raspel etwas zu drastisch, benutze stattdessen lieber den Schaber.
- Vermeide harte Kanten. Runde und glätte alle Erhebungen und Veränderungen im Profil ab. Denk daran, eine runde Oberfläche biegt sich leichter und scharfkantige Ecken können splittern.

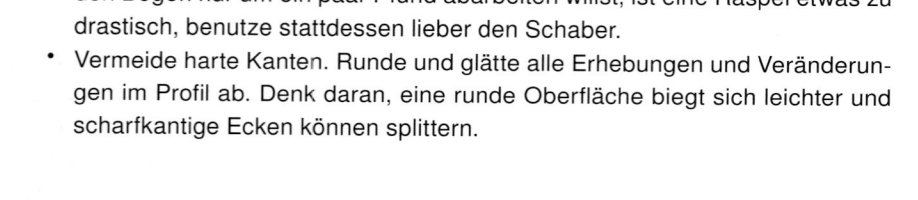

Kleine Äste und Knoten stellen Schwachstellen dar. Zur Verstärkung lässt man vermehrt Holz stehen.
Weiche Astlöcher bohrt man aus und verleimt sie mit einem Hartholzdübel.

Tillern

Lass dir Zeit! Es sind schon viele gute Bogen durch zu schnelles Tillern ruiniert worden. Falls dein Wurfarm eine schwache Stelle hat und du deinen Bogen nur einmal zu weit ausziehst, hast du direkt an dieser Stelle eine potentielle Bruchstelle. Hier wird das Holz seinen Geist aufgeben, auch wenn noch kein Kompressionsbruch zu sehen ist.

Durch zu schnelles Tillern kann der Bogen enorm viel Stringfollow entwickeln, oder es wird vielleicht auch nur ein Wurfarm geschwächt, wodurch sich der Bogen dann ungleichmäßig biegt. Das Holz muss sehr langsam an die Biegebeanspruchung gewöhnt werden. Wenn du zu schnell und unsorgfältig tillerst, kann der Bogen an Zuggewicht und Leistung verlieren.

Während du den Bogen bearbeitest, solltest du ihn deshalb oft und leicht biegen, wobei du immer schaust, in welche Richtung er sich biegt.

Das erste Aufspannen des Bogens

Beim Schneiden der vorläufigen Bogennocken darfst du nicht zu tief in das Holz des Bogenrückens schneiden. Nachdem du nun die Tillersehne auflegen kannst und den Bogen auf das Tillerbrett setzt, ziehst du ihn häppchenweise um ein paar Zoll aus. In jedem Auszugsintervall biegst du den Bogen mindestens 30 mal, bevor du ihn um das nächste Zoll weiter ausziehst. Dabei schaust du ständig nach Steifezonen im Wurfarm, die sich weniger gut biegen als der Rest. An diesen Stellen nimmst du vorsichtig so viel Holz wie nötig weg, bis sich dein Bogen gleichmäßig biegt und du die etwas kürzere Sehne auflegen kannst.

Mit dieser Sehne hast du jetzt eine Standhöhe von ungefähr 4 Zoll (= 10 cm). Jetzt kannst du prüfen, ob der Tiller stimmt und ob der Bogen nicht verzogen ist. Schau an beiden Enden herab und leg ihn auf den Rücken, um die Position der Sehne zu überprüfen:

Wenn die Sehne (von hinten gesehen) mittig durch das Mittelteil läuft und die Wurfarme nicht verdreht sind, hast du eine sehr gute Ausgangsposition. Sollte ein Wurfarm viel steifer als der andere sein, musst du ihn erst abarbeiten bis beide Wurfarme gleich stark sind, bevor du den Bogen weiter spannst. Du kannst die Biegung der Wurfarme natürlich auch ausmessen, wenn du deinem Augenmaß nicht traust (siehe Zeichnung nächste Seite).

Aber normalerweise nimmt man es bei primitiven Bogen nicht so genau, dass eine Messung nötig wäre, besonders nicht bei den ge- und verwundenen Charakterbogen. Falls die Sehne nicht, wie anfangs beschrieben, durch die Mitte des Griffstücks läuft, brauchst du nicht zu verzweifeln, denn es ist noch nicht aller Tage Abend! (Das Ausrichten der Wurfarme wird noch beschrieben.)

Tillern der Wurfarme

Du bearbeitest den Bogen jetzt weiter, wobei du immer auf Profil und Flucht achtest. Dabei formst du auch das Griffstück. Wenn der Bogen langsam schwächer wird, sei vorsichtiger mit dem Wegnehmen des Holzes, da jeder weggeschliffene Millimeter sich jetzt überproportional stark auf Tiller und Zugstärke auswirkt.

Wenn dein Bogen dann irgendwann das ideale Biegeprofil hat und du ihn ganz ausziehen kannst, überlege dir, ob du auf Dauer mit dem Zuggewicht zurecht kommst.

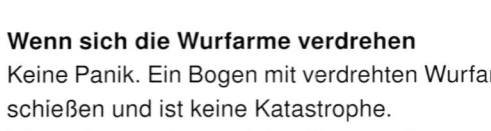

X X minus 3–6 mm

Griff

Oberer Wurfarm   Mittlerer Wurfarm   Mittlerer Wurfarm   Unterer Wurfarm

Ist einer der beiden Wurfarme stärker als der andere, machst du diesen vielleicht zu dem unteren, denn der untere Wurfarm ist auch stärker belastet als der obere. In dem Fall versuchst du einen Tiller-Unterschied von 3 bis 6 mm zwischen den beiden Wurfarmen zu erreichen (siehe Zeichnung).

Allerdings muss ich sagen, dass sich einige primitive Bogen besser andersherum schießen lassen.

Wenn sich die Wurfarme verdrehen

Keine Panik. Ein Bogen mit verdrehten Wurfarmen kann immer noch ausgezeichnet schießen und ist keine Katastrophe.

Wenn du von oben auf den Bogen schaust und die Sehne auf dem Griffstück liegt, ist der Bogen in Ordnung, das kannst du mir glauben. Du machst hier einen einzigartigen Bogen mit Charakter und kein perfektionistisches Museumsstück.

So lange die Sehne auf dem Griff liegt, ist die Drehung kein größeres Problem und kann sogar noch behoben werden, bis der Bogen seine fertige Form bekommt.

Je früher eine ernstere Drehung behoben wird, desto besser. Wenn du die Verdrehung beim Ausziehen des Bogens bemerkst, sollte er bald korrigiert werden.

Für das Verdrehen der Wurfarme gibt es viele Gründe, aber auch einige Gegenmaßnahmen, die man ergreifen kann. Vorausgesetzt, der Bogen wurde symmetrisch aufgezeichnet und ausgesägt, liegt es meist daran, dass entweder zu viel Holz auf einer Seite des Wurfarms ist, oder dass im Holz so viel innere Spannungen sind, dass sich der Wurfarm verzieht (tritt bei ungleichmäßigem Faserverlauf auf).

Einen verdrehten Wurfarm bearbeitet man, indem man die Nocke weiter und tiefer feilt und/oder Material von der starken Seite abnimmt.

In der Regel verdreht sich ein Wurfarm in Richtung seiner schwachen Seite. Wenn der ganze Bogen verdreht ist, liegt das Problem vielleicht beim Griffstück. Von der Außenkante und der Bogeninnenseite dieser Seite nimmst du etwas Holz weg. Bevor du die Flucht prüfst, biegst du den Bogen ein paarmal leicht und achtest dabei auch wieder auf den Tiller.

Sollte das nicht ausreichen, um den Wurfarm zu richten, kannst du die Nockkerbe an der starken Seite auch weiter seitlich einschneiden und auch weiter in Richtung Mittelteil arbeiten. Hast du beim Aufzeichnen des Bogens extra Material für diese Korrekturen einberechnet, kannst du es an der entsprechenden Seite jetzt wegnehmen.

Um eine Verdrehung zu korrigieren, musst du wahrscheinlich eine Kombination aus diesen beiden Methoden benutzen. Gehe dabei vorsichtig und langsam vor.

Tillerprofile

Ich habe einige der grundsätzlichen Tillerprofile aufgezeichnet. Bei unserem langen Bogen solltest du nach einer gleichmäßigen Biegung streben, die 3–6 Zoll (7,5–15 cm) vom Mittelteil entfernt anfängt und 4–6 Zoll (10–15 cm) vor den Nocken aufhört (siehe Abb. 5). Das sind ungefähre Angaben, denn hierüber gibt es keine festgelegten Werte.

Wenn sich die Wurfarme zu stark an ihren Enden biegen, wird der Bogen stacken[3]. Je kürzer (und je schwächer) der Bogen, desto schwieriger wird das Tillern.

Ist dein Bogen kürzer als 62 Zoll (= 157 cm) gemessen zwischen den Bogennocken, fährst du mit einem elliptischen Tiller (siehe Abb. 3) besser. Das bedeutet, der Bogen wird so gearbeitet, dass er sich auch im Mittelteil biegt (im Gegensatz zu einem steifen Mittelteil).

Um das zu erreichen, wird das Mittelteil in seinen Abmessungen so flach wie die Wurfarme gehalten, damit ein weicher Kraftübergang von Mittelteil zu den Wurfarmen garantiert ist. Damit der Griff noch gut in der Hand liegt, kannst du ihn mit einer (weichen) Wicklung versehen. Wenn der Bogen kürzer wird, bietet sich eine Bogenform an, bei der sich die Wurfarme kreisförmig biegen.

---

3 **Stacking**: überproportionale Zunahme der Zugkraft im letzten Drittel des Auszugs - der Bogen fühlt sich beim Ausziehen „hart" an.

Verschiedene Bogenprofile

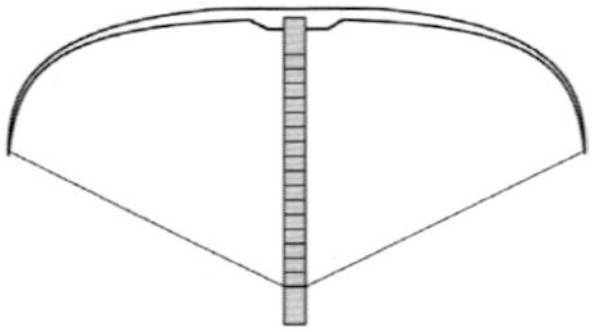

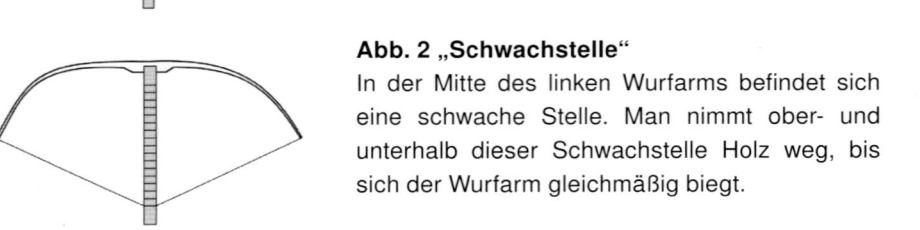

Abb.1 „Schleuderform"
Der Bogen biegt sich zu stark an den Enden.

Abb. 2 „Schwachstelle"
In der Mitte des linken Wurfarms befindet sich eine schwache Stelle. Man nimmt ober- und unterhalb dieser Schwachstelle Holz weg, bis sich der Wurfarm gleichmäßig biegt.

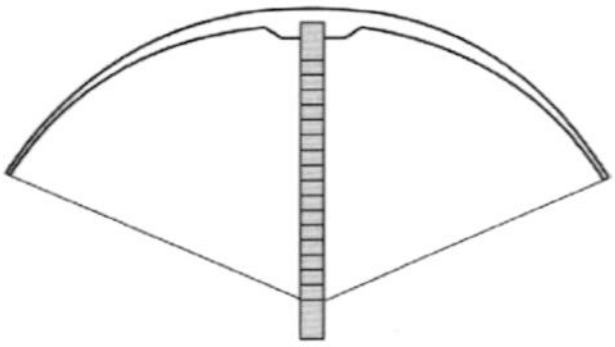

Abb.3 „Biegt im Griff"
Für einen (englischen) Langbogen, der sich kreisförmig biegen soll, ist dies eine gute Form, auch für einen kurzen, elliptischen Bogen.
Aber bei unserem langen Flachbogen bringt dieser Tiller zu viel Belastung auf die Übergänge vom Mittelteil zu den Wurfarmen.

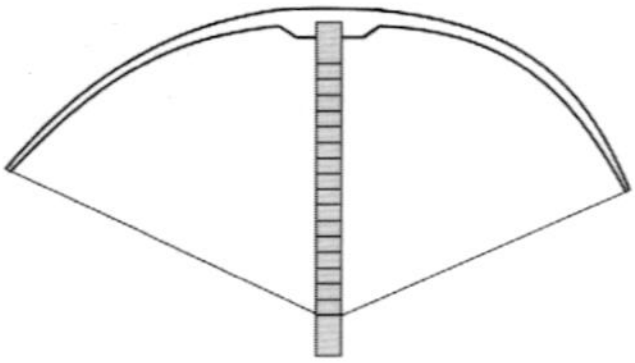

Abb.4 „Schwacher Wurfarm"
(In diesem Fall der rechte Wurfarm)
Richtig wäre es gewesen, den stärkeren Wurfarm abzuarbeiten, sobald dieses Problem sichtbar geworden wäre.

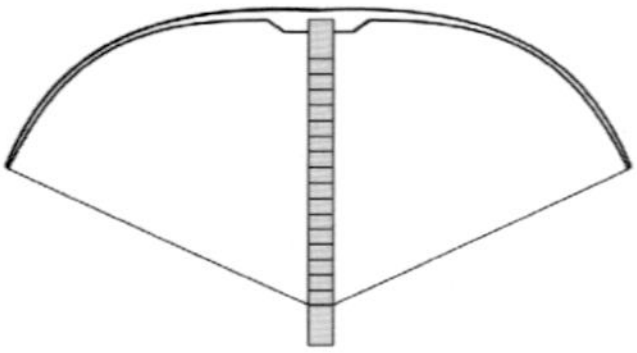

Abb.5 Gutes Profil für einen Flachbogen
Etwa 10–15 cm ober- und unterhalb des Griffs, sowie an den Wurfarmenden ist der Bogen steif.

Das Zuggewicht

Ein (primitiver) Bogen wird beim Einschießen ungefähr um 5 Pfund schwächer, weswegen du deinen Bogen entsprechend stärker auslegen musst.

Durch zu weites Ausziehen verliert ein Bogen ebenfalls an Kraft. Arbeite den Bogen also auf deinen Auszug und zieh ihn nicht weiter aus. Nimmst du bei einem schwachen Bogen Holz weg, wirkt sich das viel stärker aus, als wenn du von einem stärkeren Bogen die gleiche Menge Holz wegnimmst Du musst beim Abarbeiten also vorsichtig sein.

Falls dein Bogen zu schwach wird, kannst du ihn kürzen. Das machst du am besten in kleinen Schritten, indem du gleichmäßig an beiden Wurfarmen kürzt und jedesmal den Tiller überprüfst, bevor du den Bogen ganz ausziehst.

Hat der Bogen seine endgültige Länge erreicht, fertigst du die passende Sehne dazu. Sie ist so lang, dass du bei einem 70 Zoll (178 cm) Bogen eine Standhöhe von 6–7 Zoll (15–18 cm) mit ihr erhälst. Wenn du den Bogen jetzt auf deine Auszugslänge getillert hast, kannst du ihn Probe schießen.

8.6. Probe schießen

Probiere Pfeile mit unterschiedlichem Spine und Gewicht aus.

Gehe die ganze Litanei des Pfeile-Tunings durch, und wenn dann alles noch nichts genutzt hat, drehst du den Bogen einfach mal um!

Ich habe einmal einen Bogen aus einem gewundenen Stück Osage gemacht und glaubte dabei, den einen Wurfarm als den unteren benutzen zu müssen, denn er war in sich deflex. Beim Schießen kam allerdings kein einziger Pfeil sauber aus dem Bogen raus, egal wie ich mich auch anstellte, bis ich das Ding umgedreht habe und den unteren Wurfarm als den oberen benutzt habe.

Auf einmal hatte ich sowohl einen fehlerverzeihenden wie auch einen leisen Bogen , der natürlich nicht mit den konventionellen Vorstellungen von Tiller übereinstimmte. Der untere Wurfarm bog sich deutlich stärker als der obere. Ich spielte eine zeitlang mit dem Gedanken, das noch zu ändern.

Mittlerweile hat der Bogen viele Schüsse hinter sich und ist noch immer so, wie er am Anfang war. Es ist mein Lieblingsbogen. Er zieht sich sanft, ist nicht nervös und schnell genug, weswegen ich alle Bemerkungen über „falschen Tiller" überhöre!

8.7. Die Bogennocken

Es gibt verschiedene Nockarten. Von der einfachen Kerbe im Holz bis zu einem aufgeleimten Stück Hartholz. Auf alle Fälle muss die Sehnengrube (in der die Sehne liegt) glatt und darf nicht scharfkantig sein. Falls die Nocke besonders klein ausfällt, kannst du sie, wie in den Bildern gezeigt, zusätzlich aufbauen.

Verschiedene Möglichkeiten der Nockenverstärkung

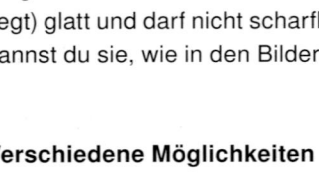

Nockverstärkung
wie sie meist bei modernen Flachbogen angewendet wird. Aus Hartholz, Horn oder Geweih.

Primitive Art der Nockverstärkung
Um die Nocke zu verstärken, wird ein Hartholz- keil aufgeleimt und gewickelt.

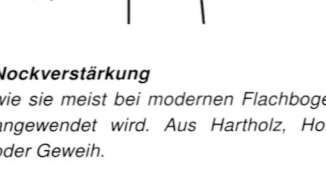

Schulternocke
mit optionaler Bohrung für einen Sehnenhalter.

Alle Ecken und Kanten, mit denen die Sehne in Be- rührung kommt werden gerundet und geglättet.

Einfache Self-Nocke

8.8. Rohhaut-Backing

Am besten machst du das nach dem Tillern.

Folgt der Bogen bereits deutlich der Sehne nach (Stringfollow), kannst du Backing und Bogen auch in einer geschwungenen Form auflegen und zusammenleimen, so dass der Bogen wieder etwas reflex wird. Als Folge davon wird das Zuggewicht um ein paar lb zunehmen.

Wenn man kein Holzbacking aufleimt und auch nicht an Rohhaut[4] herankommt, kann man ein Backing aus Kauknochen für Hunde gewinnen, indem man so einen großen Kauknoten einweicht. Die 46 cm langen „Kau"-Rohhäute reichen für ein Backing eines Bogens aus.

Such dir einen aus, dessen Lederstreifen 16 mm bis 24 mm dick sind. Ansonsten kannst du die Rohhaut auch dünner schleifen, nachdem sie auf deinem Bogen ausgetrocknet ist. Wenn diese Kauknochen eingeweicht werden, fangen sie manchmal an, gräßlich zu stinken, besonders dann, wenn der Hersteller die Dinger mit etwas besonders Leckerem für Bello imprägniert hat.

Am besten weichst du sie irgendwo draußen ein und sorgst dafür, das der Nachbarhund nicht rankommt. Das gilt dann auch später für den fertigen Bogen!

Alternative Backings nach der Holzbearbeitung sind Pergamentpapier, Seide, Flachs, Dacron, Leinen und Hanf.

Man bringt diese Materialien einfach in Längsrichtung zum Bogen auf.

Ein Sehnenbacking ist ein besonderer Fall - und ein solches Vorhaben kann man getrost unter dem Begriff des Langzeitobjekts verbuchen. Es sprengt den Rahmen dieses Handbuchs.

Hautleime

Diese Kleber sind für Rohhaut- und Sehnenbackings gut geeignet, denn sie sind elastisch und kleben ordentlich. Dafür lassen sie sich nicht so leicht verarbeiten.

Benutze den besten Leim, den du dir leisten kannst. Ich verwende eine Mischung aus Hautleimgranulat mit einer kleinen Menge Granulat aus Kaninchenhaut.

Hautleime sollten nicht gekocht, sondern langsam erhitzt werden. Während die Flüssigkeit verdampft, gibt man Wasser nach, um die Konsistenz von Schlagsahne zu erhalten.

Es gibt auch flüssigen Hautleim, der aber nur sehr langsam trocknet. Wenn man etwas Essig in diesen Flüssigleim zugibt, soll er angeblich schneller trocknen. Ich habe das selbst aber noch nicht ausprobiert.

---

4 **Rohhaut** ist über Indianer-/Westernhobby-Lieferanten zu bekommen.

Vorbereitung der Rohhaut

Zunächst musst du deine Rohhautstreifen erst einmal ein paar Stunden einweichen, damit sie schön geschmeidig werden. Dann schneidest du sie in Streifen, die etwas breiter als dein Wurfarm sind.

Während du den Leim anrührst (Granulat in heißes Wasser nach Herstellervorschrift), legst du die eingeweichten Stücke ebenfalls in heißes Wasser (aber nicht zu heiß, sonst sieht deine Rohhaut aus wie „Wellblechschinken").

Vorbereitung des Bogens

Die Oberfläche des Bogens entfettest du und raust sie leicht an.

Am besten machst du sie auch noch warm, kurz bevor du den Leim aufträgst, der eine Konsistenz von flüssiger Schlagsahne haben soll. Sei großzügig mit dem Leimauftrag und leg die Rohhaut auf den eingeschmierten Bogenrücken.

Mit einer Wicklung (einzelne Wicklungsgänge ungefähr = 3mm auseinander) sicherst du das Backing auf dem Bogen gegen Verrutschen.

Zu dieser Wicklung nimmst du wenn möglich Isolierband, da eine Schnurwicklung später auf dem Bogen sichtbare Abdrücke hinterlässt.

Den Bogen lässt du mehrere Tage langsam trocknen.

Nachdem du die Wicklung abgemacht hast, glättest du die Ränder des Backings mit Schmirgelpapier. Zieh den Bogen dann erst langsam aus und achte dabei nochmal auf sein Biegeprofil. Du kannst das Backing dünner schleifen, wenn das erforderlich sein sollte.

Die Rohhaut schützen

Rohhaut und Hautleim reagieren auf Feuchtigkeit und werden weich, deshalb brauchst du einen guten, wasserfesten Lack. Wenn du willst, kannst du ihn auch ein bisschen dekorativer gestalten. Um einen stilechten ‚primitiven' Look zu erhalten mische ich dem Lack Erdpigmente bei. PU-Lack funktioniert prima und lässt sich leicht benutzen.

8.9. Pfeilanlage

Aus einem abriebfesten oder leicht ersetzbaren Material (z. B. Horn, Leder, Elfenbein, Perlmutt) kannst du eine Pfeilanlage einlegen, wo der Pfeil den Bogen streift.

8.10. Endbehandlung

Lack

Vor dem Lackieren alle Bearbeitungsspuren glätten und verschleifen, vor allem auf der Bogenaußenseite. Der Bogen sollte staubfrei und entfettet sein.

Der Lack ist nicht nur wasserabweisend, er bringt auch die Maserung des Holzes erst richtig zur Geltung. PU-Lack ist billig, stoßfest, nicht wasserlöslich und man kann eventuelle Kratzer leicht ausbessern.

Es gibt auch eine Reihe anderer Lacke, die noch stoßfester, aber auch teurer und nicht so leicht zu verarbeiten sind.

Ich lackiere in mehreren Schichten, zwischen denen ich leicht anschleife. Nachdem die letzte Schicht gut durchgehärtet ist, poliere ich den Bogen.

Natürliche Öle

Zum Konservieren kann man auch einige natürliche Öle verwenden (z.B. Leinöl), die ebenfalls die Holzmaserung schön betonen, und/oder Wachs.

Diese Öle schützen zwar nicht so gut wie PU-Lack, lassen sich aber leicht erneuern und pflegen.

Das Griffstück

Die Griffwicklung selbst kann aus Leder oder Schnur bestehen.

Die Gestaltung des Griffstücks liegt ganz bei dir. Wenn dir ein runder Querschnitt besser in der Hand liegt, kannst du den Griff mit Klebeband oder Korkstreifen „aufbauen". Die Griffwicklung selbst kann aus Leder oder Schnur bestehen.

Für den richtig ‚primitiven' Look kann man auch Birkenrinde oder Fell nehmen.

8.11. Der englische Langbogen

1,3 cm   1,3 cm

2,5 cm

10 cm

3,8 mm

Griff

10 cm

2,5 cm

Aufbau aus weichem Holz, wird nach dem Tillern des Bogens angebracht.

2,5 cm

2,5 cm

5 cm

2,9 cm

5 cm

188 cm

1,3 cm   1,3 cm

X

mind. $^5/_8$ -fache von **X**

Querschnitt durch den mittleren Wurf-arm, in den Maßen, wie er von der British Long-Bow Society gefordert wird. (siehe Anhang)

Zusätzliche Tipps, wenn du diesen Bogen bauen willst:

- Durch den dickeren Wurfarm-Querschnitt ist das Holz stärker belastet. Dieser Beanspruchung halten nur ausgesuchte Hölzer stand.
- Die schmalen Wurfarme erschweren das Tillern schwerer und sind anfälliger für Verdrehungen.
- Wenn du die Wurfarme ein wenig breiter als dick arbeitest, wirst du weniger Probleme mit verzogenen Wurfarmen haben.
- Mach den Bogen lang. Fang dabei mit einem 76 Zoll (= 193 cm) Rohling an und kürze den Bogen schrittweise.
- In der Zeichnung sind die Nocken mit einer Breite von 13 mm angegeben. Lass sie ruhig etwas breiter ausfallen, dann hast du Spielraum, um einen verzogenen Wurfarm leichter zu korrigieren.
- Das Tillern ist ähnlich wie beim Flachbogen, doch die Profile können von „Kompass" bis „Target Bow" variieren (siehe Kap. 2.1.)

Umrisse anzeichnen
Hier musst du sehr sorgfältig sein, da es weniger Spielraum für Fehler gibt. Lieber zwei bis dreimal nachmessen bevor du sägst.

Verdrehung vermeiden
Wenn sich ein Langbogen verzieht, sind die Arme wahrscheinlich zu schmal in Relation zu ihrer Tiefe. Lass sie ruhig etwas breiter als sie tief sind (1,5 bis 3 mm), dann bist du auf der sicheren Seite.
Sobald du den Bogen aufgespannt und ausgezogen hast und er sich nicht verzieht, kannst du vorsichtig etwas Material an den Seiten und am Bauch wegnehmen.

Methodik
Der Rest des Vorgangs: der Vorschliff, das Abrunden der Kanten und des Rückens, das Tillern und Bearbeiten funktioniert, abgesehen von den genannten Punkten, genau wie beim Flachbogen.

Die British Long-Bow Society verlangt in ihrem Regelwerk Hornnocken und ein bestimmtes Verhältnis von Wurfarmbreite zur Wurfarmtiefe (siehe Zeichnung).
Außerdem muss die Bogenlänge ab einem Auszug von 27 Zoll über 66 Zoll (gemessen zwischen den Nocken) betragen (gilt nur für Großbritannien).

Hornnocken

Solange deine Hand nicht außergewöhnlich ruhig ist oder du kein Problem damit hast, die Arbeit von Stunden zu ruinieren, sollten die Nocken schon zu 90 % fertig geformt sein, bevor du sie am Bogen anbringst.

Zum Bearbeiten der Nocken bohrst du ein Loch in ein geeignetes Stück Horn und klebst es auf einen langen Stift (am besten mit einem Kleber, der sich wieder ablösen lässt). Bei Heißkleber geht das durch Erwärmen.

Dadurch kannst du sie leichter in einen Schraubstock einspannen, um sie mit Feile oder Raspel zu bearbeiten, oder sie in der Hand halten und mit Sandpapier abreiben. Falls du eine Schmirgelschleifmaschine hast, kannst du damit schnell größere Mengen Material abschleifen. Mach die Nocken so, dass:

- der Wurfarm auch wirklich hinter der Sehnengrube steht.
- der Übergang von Wurfarm zur Nocke weich und fließend ausfällt, sonst bekommst du Schwierigkeiten beim Aufspannen der Sehne.
- die Sehnengrube tief genug, aber nicht zu tief ist, damit du keine Probleme beim Abspannen bekommst.
- die Schlaufen der Sehne zur Größe deiner Nocken passen. Sind sie zu groß, könnten sie sich versehentlich lösen und den Bogen verziehen. Sind sie zu eng, wird das Abspannen zum Kampf, was dem Bogen ein frühzeitiges Ende bescheren könnte.

Die Bogenspitzen sollten 1 bis 1 ½ Zoll in die Nocke hineinragen, wie auf der Zeichnung zu sehen ist. Klebe die Nocken mit einem qualitativ hochwertigen Epoxy auf. Damit sie nicht abfallen, bevor der Kleber getrocknet ist, kannst du den Bogen niedrig aufspannen. Dabei überprüfst du am Besten gleich, ob die Nocken korrekt sitzen.

Das Polieren der Hornnocken ist eine Arbeit, die viel Liebe erfordert.

In mehreren Arbeitsschritten benutzt du immer feinere Schleifmittel, um eine glatte Oberfläche und einen schimmernden Glanz zu erhalten.

Für die Endbehandlung gibt es von Hornhändlern spezielle Polituren, aber sehr feine Stahlwolle (Stärke 0000). eine gute Wachspolitur und viel Arbeit bringen auch ein gutes Ergebnis.

Bohrung (wahlweise) für Sehnenhalter

Die Spitze des Wurfarms sollte wirklich hinter der Nocke stehen.

mind. 2,5 cm

Ein glatter Übergang vom Wurfarm zur Nocke ist wichtig, damit der Bogen leicht aufgespannt werden kann.

Den Griff polstern

Falls dir dein Bogen nicht gut in der Hand liegt, kannst du den Griff noch mit einem weichen Nadelholz aufbauen.

Biegt sich dein Bogen auch im Mittelteil, sägst du Schlitze in diesen Aufbau. Kork eignet sich auch als flexible und exzellente Alternative, besonders wenn sich dein Bogen im Mittelteil biegt.

Ich wickle den Griff mit Stoff ein, bevor ich ihn mit Schnur oder Leder festschnüre.

10 cm

Aufbau des Griffstücks
Schlitze in dem Aufbaumaterial machen den Griff biegsamer

Hoffentlich gerät dir dein erster Bogen so gut, dass du ihn schießen kannst.

Wenn du dir etwas Mühe gibst, sehe ich eigentlich keinen Grund, warum das nicht der Fall sein sollte. Ist dir dein erster Bogen geglückt und hast du dadurch schon ein wenig Erfahrung und Mut gewonnen, wirst du vermutlich nicht der Versuchung widerstehen können, einen weiteren Bogen zu bauen.

Vielleicht versuchst du dich dann an einem schwierigeren Rohling und an einem ausgefalleneren Design!

9. Weitere (prähistorische) Bogenmodelle

Die drei Bogentypen die ich in diesem Kapitel beschreibe, basieren auf archäologischen Artefakten, die man als „primitive" Bogen, wie am Anfang des Buches definiert, einstufen könnte. Sie sind aus natürlichen Materialien gemacht, der Pfeil wird am Griff vorbei geschossen, aber sie erfüllen nicht die verbreiteten Kriterien für den englischen Langbogen.

Prähistorische Bogen sind in ihrem Design viel simpler, aber ich bin sicher, dass die frühen Bogenbauer die ihnen bekannte Technologie bis an die Grenzen ausreizten, so wie wir es heute auch tun. Und ich bin mir auch sicher, dass die Bauer des Meare-Heath-Bogens schon vor 4500 Jahren die spezielle Beziehung verstanden hätten, die heutige Bogenschützen zu ihren traditionellen Bogen haben.

Da ich die Grundsätze des Bogenbaus ja schon in Kapitel 8 beschrieben habe, möchte ich mich hier nicht unnötig wiederholen, sondern eher auf Besonderheiten und Änderungen beim Bau eines hier beschriebenen Bogens eingehen.

9.1. Der Meare-Heath-Bogen

Ich hatte die Möglichkeit, mich einige Stunden mit dem Originalfund zu befassen und mir ist klar geworden, warum er für Archäologen und Bogenschützen gleichermaßen so wertvoll ist. Das Design ist eine Variante des Paddel-Bogens und eignet sich für eine ganze Reihe Hölzer. Damit wir uns aber nicht auf ein prähistorisches Niveau beschränken, habe ich ein paar kleine Änderungen am Design vorgenommen.

Das ursprüngliche Fundstück ist ein halber Eibenholzbogen, der am Griffstück abgebrochen ist. Gefunden wurde er in der Ebene von Somerset, West England, eingegraben im Torf. Einer Radiokohlenstoff-Datierung zufolge wurde er um 2500 v.Chr (also neolithisch) gebaut.

Nur ein paar Meilen davon entfernt wurde eine andere Bogenhälfte gefunden, auch am Griffstück abgebrochen und vom Torf konserviert. Dieser Bogen hatte eine vollkommen andere Form. Sein Wurfarm hatte ein schmales „D" Profil, ähnlich einem englischen Langbogen. Datiert das als Ashcott-Bogen bekannte Artefakt, auf das Jahrhundert des Meare Heath Bogens. In der Umgebung der Fundstellen findet man außerdem einige ,Holzschienen', ein Beweis für die Baukünste unserer Vorfahren, die diese auslegten, um Transporte von den Sümpfen zu den höher liegenden Siedlungen zu vereinfachen.

Neben diesen Routen wurden ,Opfergaben', wie ungebrauchte Axtköpfe aus wertvollem Gestein, gefunden. Es ist möglich, dass die gefundenen Bogen ähnliche Opfergaben waren.

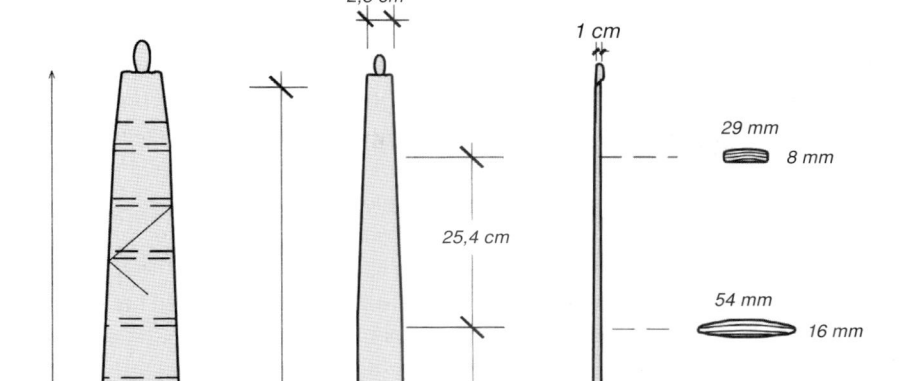

2,5 cm

1 cm

29 mm
8 mm

54 mm
16 mm

47 mm
20 mm

25,4 cm

25,4 cm

172,7 cm

25,4 cm

Kiel- Profil am Bogenbauch

29 mm

Mittellinie

27 mm

14 cm

99 cm

Skizze des Originals
mit Wicklungen und
Markierungen

Vorgeschlagene Maße
für einen Nachbau

Der Meare-Heath-Bogen hat sehr breite, flache Wurfarme, etwa 63 mm x 19 mm (2 ½ Zoll x ¾ Zoll), und einen sehr schmalen Griff mit einem ‚Kielprofil' und einem relativ kurzem Übergang zum Bogenbauch. Teile des ‚Kiels' sind wohl beim Abbrechen am Bauch gesplittert. Dies deutet auf eine mögliche Schwachstelle beim Übergang zwischen Griff und Wurfarm hin, die wahrscheinlich für das Brechen verantwortlich ist. Am Bogen selbst sind einige dekorative Wicklungen:

Seitliche Streifen aus Rindsleder, die am Rücken verknotet sind.
Davon sind zwei Stück übrig, wobei der breitere Streifen parallele Kerben hat.
Diese wurden mit einem sehr feinen Feuerstein-Werkzeug eingeritzt. Spuren am Griff deuten an, dass ursprünglich acht Wicklungen da waren.

Diagonale Wicklungen: Davon sind nur noch Fragmente erhalten (das Material wurde nicht identifiziert, ist aber definitiv tierischer Herkunft).
Den Spuren nach verlief diese Wicklung im Zickzack über dem Wurfarm.
Am Bogenrücken finden sich mehrere Spuren von scharfen Werkzeugen. Das weist darauf hin, dass die Wicklungen nach der Fertigstellung des Bogens angebracht wurden. Der Bogen hat ein sehr leichtes Stringfollow.
Die Nocke hat eine ‚Knopf-Form' (genau wie der Nocken des Ashcott Bogen) und wurde mit einer Wicklung am Ende des Arms verstärkt, wovon nur noch Spuren übrig sind.

Das Holz: Es gibt keine Anzeichen für Splintholz am Bogenrücken.
Die Maserung des Eibenholzes verläuft gleichmäßig, etwa 25 Jahresringe pro Zoll, sauber und gänzlich ohne Knoten. Ein ziemlich gutes Stück Holz, besonders deshalb, weil Forschungen belegen, dass Eibe damals in dieser Umgebung recht selten war. Das Zentrum des Kernholzes ist etwas verschoben, aber es gibt keine Anzeichen, dass das den Bogen verdreht haben könnte.

Praktische Tipps für den Nachbau eines Meare-Heath-Bogens

Zuggewicht

Es ist unmöglich, das genaue Zuggewicht des Originals zu bestimmen, aber nach meinen eigenen Schätzungen lag es zwischen 70 und 95 lb bei einem Auszug von 28 Zoll. Nach den Maßangaben, auf Seite 123, sollte der fertige Bogen zwischen 50 und 60 lb bei einem Auszug von 28 Zoll haben. Da sich das Holz (besonders Eibe) aber so unterschiedlich verhält, wäre es klug, anfangs etwas mehr dran zu lassen und dann nach Bedarf zu kürzen.

Ich habe diese Art Bogen schon aus amerikanischer Kirsche, englischer Eibe und Zuckerahorn gemacht.

Länge

Da wir nur einen halben Bogen haben, ist es schwierig, die ursprüngliche Länge zu bestimmen. Wir können auch nicht davon ausgehen, dass neolithische Menschen viel von Symmetrie gehalten haben.

Falls der ursprüngliche Bogen symmetrisch war, hatte er wahrscheinlich eine Länge von etwa 168 cm.

Ich schlage vor, du benutzt einfach die Faustregel, dass der Bogen eine Länge von etwa 2 ¼ bis 2 ½ mal deines Auszugs haben sollte.

Übergang (Fadeouts)

Damit deine ganze Arbeit nicht umsonst war, solltest du den Griff breiter machen und das Kielstück am Übergang zum Wurfarm verlängern (so wie ich es in den Maßangaben beschrieben habe).

Backing und Dekoration

Ein so breiter Bogen braucht eigentlich kein Backing, aber falls du an der Qualität des Holzes zweifelst, kannst du ein Rohhautbacking oder ähnliches anbringen.

Wenn du Eibe benutzt, empfehle ich dir, etwas vom Splintholz am Bogenrücken zu lassen, auch wenn das beim Original nicht der Fall ist. Wir machen ja schließlich einen Nachbau und kein Replikat.

Die blasse Farbe am Rücken des Originals deutet an, dass die Jahresringe direkt unter dem Splintholz erhalten blieben. Aufgrund des Alter des Artefakts und seiner Erhaltung in Carbowax (Polyethylenglycol), kann man sich dessen aber nicht sicher sein.

Die dekorativen Wicklungen sollten die Leistung des Bogens nicht einschränken, solange sie nicht zu lose sind.

Sehne und Nocken

Der noch erhaltene Teil der oberen Nocke weist auf eine verlängerte ‚Knopfform' hin. Direkt darunter befinden sich Wicklungen, wahrscheinlich deshalb, um die weiche Eibe vor dem Schlagen und Reiben der Sehne zu schützen.

Ich empfehle dir, die Nocken ähnlich zu wickeln. Die Sehne war höchstwahrscheinlich aus Pflanzenfasern, wie unsere modernen Leinen oder Hanfsehnen, da Tiersehnen in der feuchten Luft der Region aufweichen würden.

9.2. Ein Bogen mit Kabelbacking

Stell dir mal folgende Szene vor:
Die Temperatur liegt weit unter Null und es ist kein Baum in Sicht. Das einzige Holz, das du hast, sind Bretter aus Fässern oder Kisten vom Handelsposten.
Es gibt nur Fischbein (Barten) und Knochenleim, Klebstoffe aus Tieren oder Harz funktionieren in diesem Klima nicht zuverlässig. Die Kälte macht das Holz spröde und brüchig. Du brauchst einen Bogen, aber was sollst du tun?

Nutze dein Wissen über Seile und Knoten! Darin waren die Inuit und die sibirischen Stämme der Eiswüste Meister. Ein Bogen mit Sehnenkabelbacking funktioniert ähnlich wie einer mit einem aufgeleimten Backing.
Die neutrale Achse wird verlagert und der Bogenrücken dadurch entlastet.
Querverlaufende Knoten stabilisieren die Kabel und ziehen sich zu, wenn der Bogen gespannt wird. Dadurch werden die Fasern zusammengepresst.
Im Smithsonian Institut liegen einige besonders ausgeklügelte Vertreter dieser Machart. Die Knotenarbeit an diesen Exemplaren ist fantastisch und komplex (ich empfehle allen, den Artikel von John Murdoch im Bericht des US National Museum 1884 : „A study of the Eskimo bows in the US National Museum" zu lesen).
Es kann sehr viel Spaß machen, sich am Bau eines Bogens mit Kabelbacking zu versuchen. Sie schießen sich sehr gut, und Tüftler können den Bogen immer wieder auseinander nehmen - es wird ja nichts geklebt!
Ich habe einen sehr kurzen Flachbogen aus Akazie gebaut. Bei vollem Auszug formt er einen fast perfekten Halbkreis, ist von Nocke zu Nocke 57 Zoll groß und nicht gerade aus dem besten Holz gemacht. Er lässt sich bis auf 27 Zoll ausziehen und schießt extrem schnell.
Bei einem anderen Bogen, den ich aus Birke gemacht habe, haben sich über die ganze Länge Kompressionsrisse gebildet. Dank dem Kabelbacking ist er aber weder zusammengeklappt, noch gebrochen. Er lässt sich immer noch gut schießen.
Du solltest beim Bau allerdings kein zu weiches Holz nehmen, da das Kabel sonst zu stark eindrückt und die Knoten nicht mehr richtig sitzen.

Praktisches

Um das Kabel am Flachbogen zu befestigen, müssen ein paar Veränderungen am ursprünglichen Design vorgenommen werden:

- Am besten sollte der Bogen ein kreisförmiges Profil statt eines steifen Griffstücks haben.
- Die Nocken sollten breiter und kräftiger sein, damit sie sowohl Sehne als auch Kabel tragen können.

- Versuche Verdrehungen zu vermeiden und mach den Griff relativ breit, damit das Kabel nicht seitlich abrutscht. Man kann dem Dis zu einem gewissen Grad vorbeugen, indem man das Kabel am Griff festbindet, aber es ist besser, das Problem von Anfang an zu vermeiden.

Wenn du ein Kabelbacking anbringst, weil du dir mehr Sorgen über die Holzqualität, als über Minus-Temperaturen machst, dann tillere den Bogen auf ½ bis $^2/_3$ deines endgültigen Auszugs, bevor du das Backing anbringst.

Kabelmaterial

Dacron ist brauchbar und strapazierfähig, Leinen funktoniert auch, verschleißt aber relativ schnell. Das größte Problem mit natürlichen Materialien ist, dass sie sich schnell abnutzen, besonders wenn du Knoten längs zum Bogen hast.

Glücklicherweise lässt sich das Kabel leicht erneuern. Es gibt keine wirkliche Alternative für Sehne, aber daraus mehrere Meter Kabel herzustellen, kann recht anstrengend werden. Was auch immer du benutzt, es sollte beim Herstellen und Anbringen immer gut gewachst sein.

Das Anbringen des Kabels

Bevor du das Kabel anbringen kannst, musst du dir eine Art ‚Hebel' bauen, um das Seil aufzuwinden (siehe Zeichnung). Mit zwei Hebeln geht es noch besser. Die Hebel sollten recht dünn sein, aber dennoch stabil genug, um damit das Kabel festzuziehen. Ursprünglich hat man dazu Knochen genommen, aber ich habe auch schon welche aus hartem Ahorn gemacht. Sie sollten glatt sein, um den Bogenrücken nicht zu verkratzen.

13 mm
14 cm
5 mm
1 cm

Kabelhebel
Die Haken sollten etwa 3 mm tief sein.

Das Kabel wird sich dehnen, deshalb sollte der Bogen beim Anbringen leicht reflex gebogen werden. Ich habe dafür ein Gestell gebaut.

Reflex Gestell
Band zum Fixieren.
Gepolsterte, verschiebbare Stützen.

Es gibt verschiedene Möglichkeiten, das Kabel zu befestigen:

Ich empfehle dir, den Anfang des Kabels vorläufig am Griff festzuknoten.

Wenn du das Kabel aufgezogen hast, verbindest du das lose Ende mit dem anderen Ende am Griff. Dieser Knoten wird später zusätzlich gesichert werden, indem du das Kabel am Griff festbindest.

Die einfache von-Nocke-zu-Nocke Methode

Binde den Anfang der Schnur am Griff fest und wickle mindestens 20 Stränge (10 für jede Seite) von Nocke zu Nocke ab.

Ziehe die Schnur dabei fest an, damit eine gleichmäßige Spannung entsteht und sich das Kabel nicht zu sehr dehnt.

Binde das lose Ende am Anfang des Griffs fest.

Für den Fall, dass du den Bogen mit Wicklungen in der Wurfarmmitte stärken möchtest, beschreibe ich jetzt zwei Arten von Knoten.

Bogen mit einfachem Kabelbacking

Der Mittelknoten

Dieser Knoten wird etwa in der Mitte des Wurfarms gebunden. Die Schnur wird oben um die Nocke herum geführt, dann über den Knoten herüber zum anderen Wurfarm, dann um die andere Nocke herum und wieder zurück geführt.

Jeder deiner Knoten bindet die vorhergegangene Schlaufe, wie auf der Illustration.

Der Endknoten

Hier wird das Kabel zwischen den Wurfarmen gebunden, anstatt den Nocken. Dadurch werden die Arme gestützt und der Mittelteil des Bogens versteift.

Vorschläge für alternative Kabelbackings

Endknoten

Mittelknoten

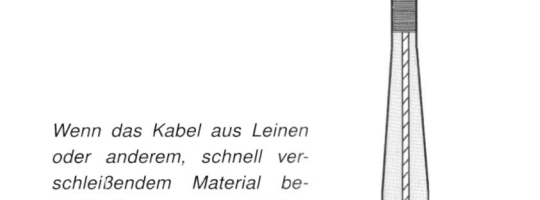

Binde den Anfang und das Ende am Griff fest

Wenn das Kabel aus Leinen oder anderem, schnell verschleißendem Material besteht, kann man, nachdem es festgespannt wurde, mit der selben Schnur noch das Kabel umwickeln, um es haltbarer zu machen.

Binde oder knote, falls nötig, die Schnur an den Nocken und/oder am Wurfarm fest, damit sie nicht verrutscht.

Das Festziehen des Kabels

Entferne den Bogen aus dem Gestell. Schiebe den Hebel zwischen die beiden Hauptstränge und fange an, das Kabel aufzuwinden. Hake es ein, drehe und ziehe den Hebel mindestens 30 mal.

Wenn du das Kabel sowohl an den Wurfarmen, als auch an den Nocken verknotet hast, wirst du die drei Stellen separat eindrehen müssen. Du kannst experimentieren und manche der Stellen straffer als andere machen. Lass den/die Hebel stecken und befestige sie vorläufig, damit sich nicht wieder alles aufdröselt.

Ziehe den Bogen ein paarmal kurz, damit sich das Kabel dehnt, aber zieh ihn nicht voll aus, solange das Kabel nicht wirklich festgebunden ist. Dreh das Kabel danach wieder etwas straffer. Ich habe Dacronkabel auf einem 58 Zoll Bogen über 45 mal gedreht. Nach einem vollen Auszug hat es sich ein bisschen gedehnt, aber es wurde ein gutes, straffes Kabel.

Nimm den Hebel heraus und binde das Kabel vorläufig fest (ich benutze dafür Plastik-Kabelbinder). Jetzt kannst du die Sehne aufspannen und ihn ein bisschen weiter ausziehen. Wiederhole das, bis du ihn voll ausziehst. Wenn du willst, kannst du das Kabel straffer ziehen und mit dem Effekt experimentieren, den dieses auf Tiller, Profil und Zuggewicht hat.

Wenn du mit dem Kabel zufrieden bist, kannst du die Hebel zum Befestigen des Kabels nutzen, während du einen Strang des Kabels an Griff und Nocken festbindest (siehe Bild). Dafür benutzt du am besten auch das Material, aus dem das Kabel ist. Um die Sache leichter zu machen benutze ich dafür eine stumpfe Nähnadel. Entferne jetzt die Hebel und wickle das ganze Kabel am Griff fest.

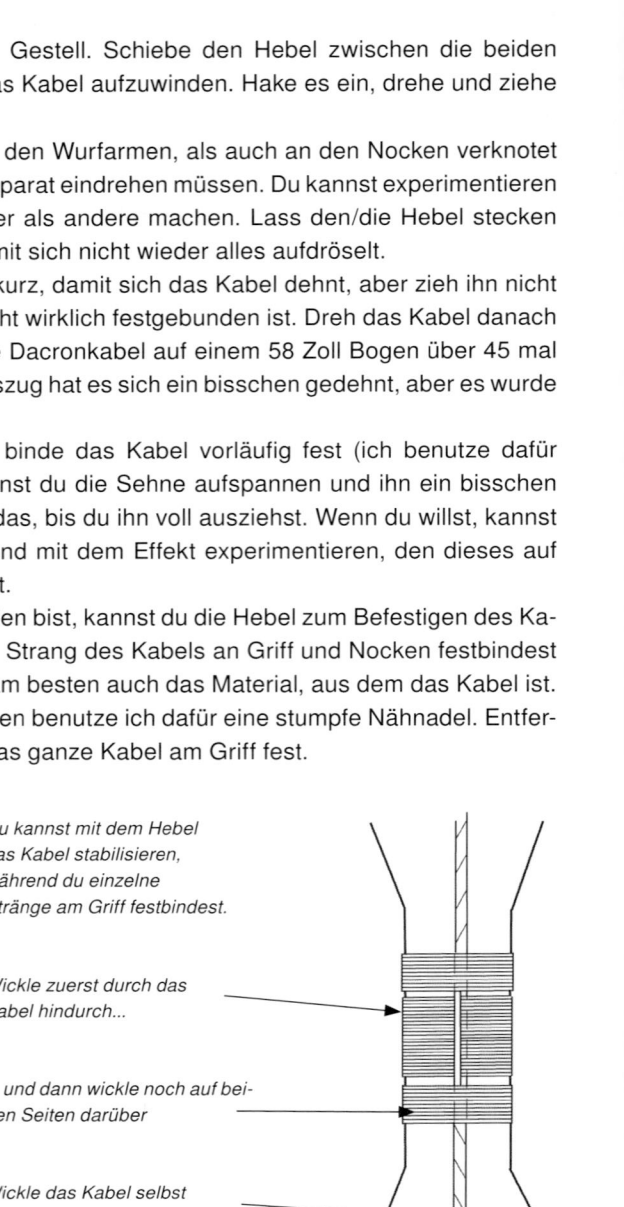

Du kannst mit dem Hebel das Kabel stabilisieren, während du einzelne Stränge am Griff festbindest.

Wickle zuerst durch das Kabel hindurch...

... und dann wickle noch auf beiden Seiten darüber

Wickle das Kabel selbst noch mal ein, besonders wenn es sich stark dehnt.

9.3. Der Holmegaard-Bogen

Es gibt mehrere Varianten dieses Bogens aus Dänemark, alle entstanden innerhalb von 3000 Jahren. Sie variieren u.a. in Länge und Breite.
Einer von ihnen ist fast komplett erhalten (nur die Spitze fehlt) und wurde schon oft nachgebaut.
Inspiriert von Flemming Alrunes Schriften über diesen bemerkenswerten Bogen beschloss ich, ein eigenes Exemplar aus einem Stück englischer Ulme zu bauen.
Der Bogen liegt leicht in der Hand, lässt sich butterweich ziehen und schießt extrem schnell. Auf diesem Bogen basieren die folgenden Maßangaben.

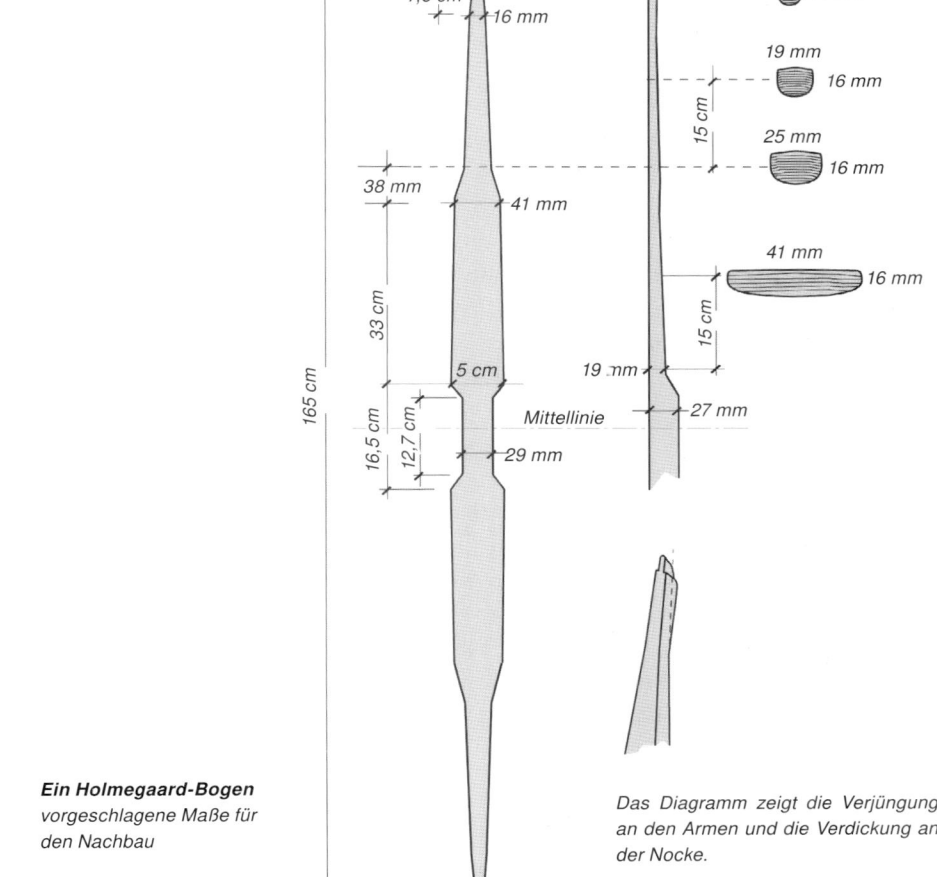

Ein Holmegaard-Bogen
vorgeschlagene Maße für
den Nachbau

Das Diagramm zeigt die Verjüngung an den Armen und die Verdickung an der Nocke.

131

Das Artefakt

Ein Bogen dieser Machart wurde in einem Moor in Dänemark gefunden. Er ist etwa 9000 Jahre alt und in vier Stücke gebrochen.

Das Moor in dem er gefunden wurde, war wahrscheinlich zur Zeit seiner Entstehung stark bewaldet. Auffällig ist, dass sich die Form des Bogens etwa ab der Mitte des Wurfarms merklich ändert.

Am Griffstück ist er noch breit und flach, in Richtung Nocken wird er tiefer und schlanker. Der Rücken ist abgerundet und der Bogen scheint aus einem Stück Ulme gemacht zu sein, mit einem Durchmesser von etwa 2 Zoll.

Die Jahresringe auf dem Rücken sind so gut erhalten, dass wahrscheinlich nur die Rinde entfernt, der Rohling aber ansonsten nicht bearbeitet wurde.

- Die geschätzte Länge liegt zwischen 60 bis 62 Zoll (ca. 154 cm).
- Der Griff ist etwa 27 mm tief und die Arme sind an der breitesten Stelle 42 mm breit und 20 mm tief.
- Das Zuggewicht kann man nicht mehr mit Sicherheit bestimmen.
  Es wird aber schätzungsweise zwischen 60 und 70 lb bei einem Auszug von 24 Zoll gewesen sein.

Tipps für den Bau eines Holmegaard Bogens

1. Du solltest mit einem Rohling beginnen der etwa 5 cm länger als deine gewünschte Bogenlänge ist. Lass den oberen Teil des Wurfarms ruhig etwas breiter als die ursprünglichen Maßangaben, wenn du dich vorsichtig herantasten willst.

2. Sei beim Tillern sehr vorsichtig. Durch das tiefere, rundere Profil am Ende des Arms kann sich der Bogen am Griff etwas unverhältnismäßig krümmen. Aber solange es nicht zu extrem ist, wird es aufgrund des flachbreiten Querschnitts an dieser Stelle kein Problem geben.

3. Lass am Anfang ruhig etwas mehr Holz am Griff. Wenn du mit dem Tillern beginnst, kannst du dort und am oberen Ende langsam Holz entfernen.

4. Die schmalen, tiefen Nocken sind Teil des Designs: Die Wurfarme werden an den Enden leicht und schmal. Wenn du Ulme oder andere weiche Hölzer nimmst, kann die Sehne in das Material schneiden. Etwas dickere Nocken können da ganz nützlich sein.

10. Ein Daumenring aus Horn

Es gibt viele verschiedene Methoden, die ausgezogene Sehne zu lösen.

Der Drei-Finger-Auszug war eine neumodische Erfindung, die während des Mittelalters in Teilen Englands Anklang fand. Damals war der flämische Zwei-Finger-Auszug die geläufigste Art des Ziehens und Lösens gewesen.

Der 'Kneifgriff' mit Daumen und Zeigefinger wird immer noch von manchen indianisch-traditionellen Schützen benutzt und auch Fotos von Ishi, dem letzten Yahi-Indianer, zeigen ihn mit dieser Haltung. Dabei ruht der Pfeil auf dem Daumen der Bogenhand, also auf der Seite, welche die meisten westlichen Bogenschützen als die Falsche bezeichnen würden.

Ich würde dir nicht empfehlen, einen Daumenring zu benutzen, wenn du einen englischen Langbogen schießt (es ist auf jeden Fall nicht historisch korrekt) oder irgendeinen anderen, bei dem der Erbauer Einwände hätte.

Wenn du allerdings einen relativ kurzen Bogen hast und dir das Ausziehen schwer fällt oder du einen asiatischen Bogen hast, oder einfach nur Spaß mit einem selbst gemachten Bogen haben willst, dann bastle dir doch mal einen Daumenring.

Der Daumengriff

Die Sehne liegt hierbei zwischen Daumen und Zeige-finger, manchmal klemmt der angrenzende Finger den Daumen zusätzlich ein.

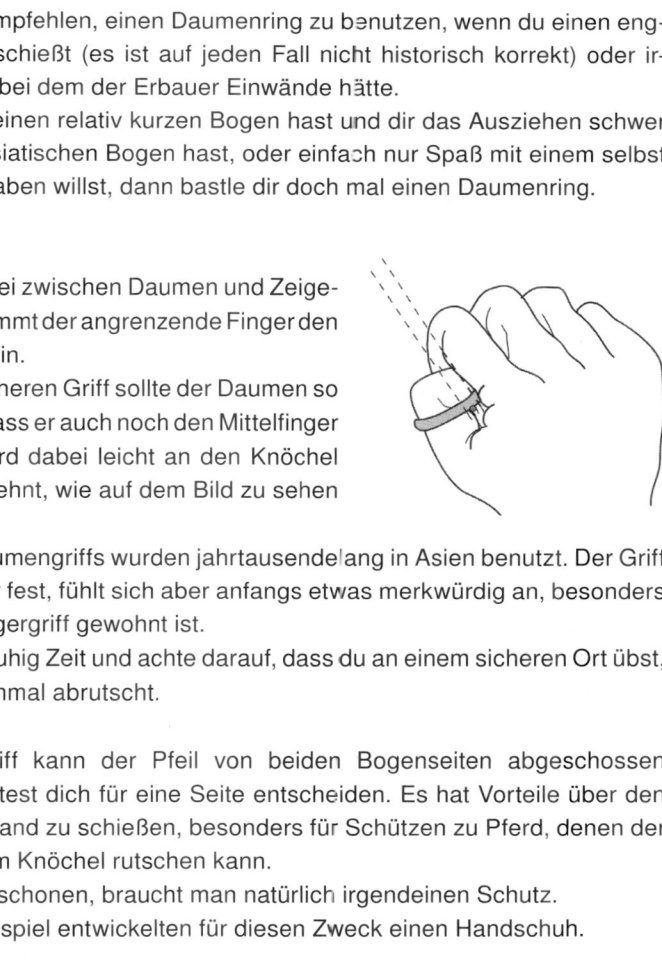

Für einen wirklich sicheren Griff sollte der Daumen so gekrümmt werden, dass er auch noch den Mittelfinger berührt. Der Pfeil wird dabei leicht an den Knöchel des Zeigefingers gelehnt, wie auf dem Bild zu sehen ist.

Varianten dieses Daumengriffs wurden jahrtausendelang in Asien benutzt. Der Griff hält die Sehne sicher fest, fühlt sich aber anfangs etwas merkwürdig an, besonders wenn man einen Fingergriff gewohnt ist.

Lass dir beim Üben ruhig Zeit und achte darauf, dass du an einem sicheren Ort übst, falls dir die Sehne einmal abrutscht.

Mit dem Daumengriff kann der Pfeil von beiden Bogenseiten abgeschossen werden, aber du solltest dich für eine Seite entscheiden. Es hat Vorteile über den Daumen der Bogenhand zu schießen, besonders für Schützen zu Pferd, denen der Pfeil beim Reiten vom Knöchel rutschen kann.

Um den Daumen zu schonen, braucht man natürlich irgendeinen Schutz.

Die Japaner zum Beispiel entwickelten für diesen Zweck einen Handschuh.

Der Daumenring wurde jahrhundertelang genutzt, und es gibt viele wunderschöne Daumenringe aus östlichen Ländern in Museen und privaten Sammlungen.

Ein Daumenring kann aus jedem möglichen widerstandsfähigen Material gemacht werden: Leder, Knochen, Stein, Blech, Silber und Horn sind alle brauchbar.

Früher wurden manchmal kunstvoll geformte Ringe mit Edelsteinen oder wertvollen Metallen besetzt.

Da es Daumenringe in vielen verschiedenen Formen gibt kannst du solange experimentieren, bis du die richtige Form für dich gefunden hast. Um den Daumengriff zu üben, könntest du dir erst einmal einen simplen Ring aus Leder machen.

Wenn dir dann der Daumengriff gefällt, kannst du zu einem gut sitzenden Ring aus Horn oder Knochen übergehen. Mit ein bisschen Mühe kannst du ganz leicht einen machen, der dir perfekt passt.

Wie man den Daumenring trägt

Es ist ganz nützlich zu wissen, wie man einen Daumenring trägt, bevor man einen baut. Zuerst wird der Ring im 90 Grad Winkel zu seiner endgültigen Position aufgesetzt (A) und dann so gedreht, dass er die Unterseite des Daumens abdeckt (B).

So trägt man den Daumenring

A

B

Was wichtig ist:

- Er muss gut sitzen, sollte bequem, aber nicht zu locker sein. Es dauert vielleicht etwas, bis er richtig sitzt.
- Dass der Ring richtig sitzt ist wichtig für einen guten und sicheren Griff und Auszug.
- Der Ring sollte das Gelenk und die Unterseite des Daumens schützen und an die Konturen des Daumens angepasst sein.
- Wenn er zu locker sitzt, kann er beim Lösen wegfliegen und beim Greifen schmerzen.
- Wenn er zu eng sitzt, wird er beim Greifen nicht nur schmerzen, sondern dir auch den Blutfluss behindern, was generell schlecht für das Lösen ist.
- Teste den Ring vor der Fertigstellung, vielleicht wird er unbequem, wenn du ihn längere Zeit benutzt.

Die Schritte beim Bau eines Daumenrings

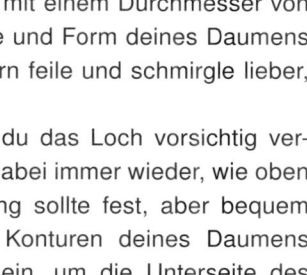

Anleitung

1. Schneide ein Stück Horn mit einer flachen und einer schrägen Seite zurecht, wie auf dem Bild.

2. Schmirgle oder feile die Oberfläche auf die gewünschte Größe runter, lass dabei etwa 2 mm für letzte Veränderungen überstehen.

3. Fange an, das Daumenloch zu bohren. Ich habe mit einem Durchmesser von 16 mm begonnen, aber das hängt von der Größe und Form deines Daumens ab. Bohre auf jeden Fall nicht zuviel weg, sondern feile und schmirgle lieber, um die perfekte Form zu bekommen.

4. Mit einer runden oder halbrunden Feile kannst du das Loch vorsichtig vergrößern und die Lasche formen. Teste den Ring dabei immer wieder, wie oben erwähnt. Das Loch sollte oval sein und der Ring sollte fest, aber bequem sitzen. Die Innenseite der Lasche sollte den Konturen deines Daumens exakt passen. Die Lasche muss lang genug sein, um die Unterseite des Daumens zu schützen, darf aber nicht beim Ziehen oder Lösen behindern.

5. Jetzt kannst du überschüssiges Material entfernen, um die gewünschte Form zu bekommen. Bevor du den Ring fertigstellst, solltest du ihn auch ein paarmal beim Schießen getestet haben. Die Lasche sollte glatt und abgerundet sein, damit die Sehne problemlos über sie gleiten kann.

6. Polier den Ring mit feinen Schleifmitteln und Stahlwolle. Achte auf harte Kanten oder Unregelmäßigkeiten.

Verschiedene Daumenring- Formen

1. Mit Einkerbung für
die Sehne

2. Türkischer Daumenring
mit ‚Kulak'

3. Zylindrisch mit Rand
für den Sehnenhalt

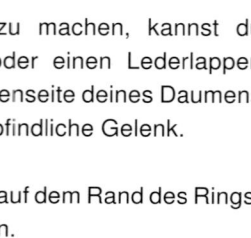

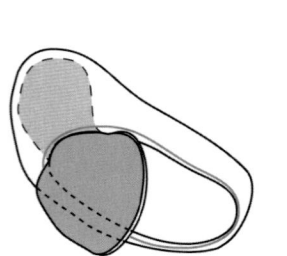

Varianten

Du kannst auch eine Einkerbung wie in Bild 2 oder einen Rand wie in Bild 3 ausfeilen, um die Sehne zu halten, wenn du das besser findest.

Um den Ring bequemer zu machen, kannst du ihn mit Leder umwickeln oder einen Lederlappen (‚Kulak') anfügen, der die Innenseite deines Daumens bedeckt, besonders das empfindliche Gelenk.

Denke daran: Die Sehne soll auf dem Rand des Rings, nicht auf dem Leder aufliegen.

Übersicht der Fachbegriffe

Abgreifen	eine Technik der Systemschützer, bei welcher die Fingerposition auf der Sehne höhenvariabel ist ➔ *string walking*.
Abzug/Ablass	Loslassen der Sehne beim Schuss
Amerikanischer LB	auch „*Flachbogen*", im Unterschied zum englischen Langbogen mit flach-rechteckigem Wurfarmquerschnitt und betonter Griffpartie.
Angularbogen	Bogen mit dreieckigem Profil, dem charakteristischen „Knick" im Griff, wie z.B. auf assyrischen Reliefs (ca. 800 v. Chr.) dargestellt
Anker(punkt)	bestimmter Punkt im Gesicht, zu dem der Schütze beim Auszug seine Zughand führt, beispelsweise der Mundwinkel oder das Kinn. Fliegender Anker meint das ununterbrochene Ziehen und spontane Lösen bei Berührung des Ankerpunktes.
Archer's Paradox	die Tatsache, dass der Pfeil im Abschuss seitlich abgelenkt wird, aber dennoch geradewegs zum Ziel fliegt
Armschutz	Schutz des Unterarms vor Berührungen mit der Sehne
Auszug	ein Bogen wird erst aufgespannt, und dann mit dem Pfeil auf die höchstzulässige Auszugslänge gezogen
Backing	aufgeklebter Belag auf der Bogenaußenseite, der den Bogen verstärken oder vor Bruch schützen soll. Ein Cablebacking ist eine über den Bogenrücken gespannte Schnur.
Barrelled	ein Pfeilschaft, der vorne und hinten dünner ist als in der Mitte, ist barrelled, vgl. *bobtailed*
Billet	unbearbeitetes Stück Holz, aus dem man einen Bogen bauen kann. Aus zwei zu kurzen Billets kann man im späteren Griffbereich einen langen Stave zusammenleimen
Blunt	stumpfe Pfeilspitze, die ein Eindringen des Pfeils in das Ziel verhindert, z.B. für das *Popinjay*
Bobtailed	ein Pfeilschaft, der sich zur Nocke hin verjüngt, vgl. *barrelled*
Bodentiller	erste grobe Beurteilung des Biegeverhaltens beim Bogenbau, indem eine Nocke auf den Boden gesetzt und am Griff gedrückt wird
Bogenhand	Hand, die beim Schießen den Bogen hält
Bogenbauch	Innenseite des Bogens im aufgespannten Zustand, die die Druckkräfte aufnimmt
Bogenbauerknoten	Zimmermannsstek, sich zuziehende Sehnenschlinge an der unteren Bogennocke
Bogenfenster	großer Ausschnitt im Griffbereich, der die Pfeilauflage aufnimmt, das Visieren erleichtert und das *Archer's Paradox* reduziert

Bogenrücken	Außenseite des Bogens in aufgespanntem Zustand, der die Zugkräfte aufnimmt
Bodkin	Eine lange Pfeilspitze mit drei- oder viereckiger Grundfläche, wurde im Mittelalter zum Durchschlagen von Rüstungen verwendet
Bowyer	Bogenbauer
Broadhead	Eine Pfeilspitze mit scharfen Schneiden, Jagdklinge
Clout shooting	indirektes parabolisches Schießen auf ein 180 yards entferntes Ziel, meist durch eine Fahne (das Clout) markiert.
Cresting	farbige Ringe im hinteren Bereich des Pfeilschafts, dient der Zierde und persönlichen Kennzeichnung
Daumenring	kräftiger Ring, mit dessen Hilfe die Sehne mit dem Daumen gezogen und gelöst wird; aus Leder, Horn oder Knochen
Deflex-reflex	Bauform beim Langbogen, ungespannt laufen die Wurfarme vom Griff erst zum Schützen hin und krümmen sich dann nach vorne zum Ziel
Dominantes Auge	Menschen haben meist ein dominantes Auge, welches den Zielvorgang hauptsächlich bestimmt
Englischer LB	großer Langbogen mit D-förmigem Wurfarmquerschnitt, flach am Rücken, rund am Bauch und charakteristischen Hornnocken
Endlossehne	Sehnenbauart, bei der die Sehne aus einem einzigen langen Faden hergestellt wird
Fade-out	sanft auslaufender Übergang vom Mittelteil zu den Wurfarmen
Feldspitze	besondere Spitzenform, die ein zu tiefes Eindringen des Pfeils in das Ziel verhindern soll
Feldschießen	das Schießen auf einem Scheibenparcours im Gelände auf unterschiedliche Entfernungen
Fingerschutz	schützt die Finger der Zughand vor dem Wundwerden, als *Tab* oder Schießhandschuh
Flachbogen	Langbogen mit flachem Wurfarmquerschnitt
Flämische Sehne	Sehnenbauart, bei der die Sehne aus mehreren Fäden hergestellt wird und die Sehnenöhrchen gleich mit eingespleißt werden
Flight shooting	Schießen auf maximal erreichbare Distanz
Flot	traditionelles Werkzeug zum Holzbogenbau, mehrere schabende Klingen sind hintereinander angeordnet
Flu-Flu	besonders groß befiederter Pfeil, der im Flug stark abbremst, für Steilschüsse nach oben auf kurze Distanz
Frühholz	innerer Teil eines Jahresringes im Holz, das im Frühjahr schnell gewachsen und darum etwas weicher ist, vgl. *Spätholz*

Inch/Zoll	1" = ca. 2,54 cm
Instinktives Schießen	eigentl. intuitives Schießen, be dem gefühlsmäßig, d.h. nicht bewusst und kontrolliert, gezielt wird
Judo-Spitze	Spitze mit federnden Krallen, die beim *Roving* verwendet wird, verhindert Pfeilverlust
Kockfeder	Hahnenfeder, oft andersfarbige Feder, die rechtwinklig zum Nockschlitz steht
Köcher	Behältnis, in dem die Pfeile ge ragen werden
Kompositbogen	ein traditioneller, aus verschiedenen Materialien zusammen gefügter Bogen, vgl. *Laminatbogen*
Kompressionsrisse	auf dem Bogenbauch, wo das Bogenholz dem Druck nicht mehr standhalten konnte
Kriechen	Nachlassen im Auszug, Verringerung der Auszugslänge vor dem Abzug, schlechter Schießstil
Laminatbogen	ein in mehreren dünnen Schichten verleimter, moderner Bogen, vgl. *Kompositbogen*
Langbogen	Bogen, bei dem die Sehne im gespannten Zustand nicht auf den Wurfarmen aufliegt, vgl. *Recurve*
Mary Rose	englisches Schlachtschiff, das 1545 gesunken ist
Mediterraner Griff	Griff auf der Sehne mit drei Fingern, einer oberhalb, zwei unterhalb des Pfeils
Mittelteil	Bauteil des Bogens, an dem die Wurfarme ansetzen und an dem sich der Griff befindet
Mittenschnitt	das Bogenfenster ist so weit ausgeschnitten, dass die Sehne zentrisch hinter dem Pfeil steht, vgl. *Archer's Paradox*
Nachhalten	Verharren in der Schussposition nach dem Ablass, wichtiges Element guten Schießens
Nocke	Kerbe im Pfeil bzw. Bogen, welche die Sehne aufnimmt
Nockpunkt	feste Markierung auf der Sehne, damit der Pfeil immer an der gleichen Stelle eingenockt wird.
Pfeilauflage	Auflage für den Pfeil am Bogen
Pfeilkratzer	leichter „Schürhaken" zum Suchen verschossener Pfeile in hohem Gras
Point blank/Nullpunkt	Entfernung, bei welcher der Pfeil das Ziel trifft, wenn die Pfeilspitze optisch genau vor dem Ziel steht
Popinjay	Vogelschießen, Schießen senkrecht nach oben auf an einem hohen Mast befestigte Ziele
Pound	das engl. Pfund hat ca. 454 Gramm, das Zeichen ist lb

Recurvebogen	Bogen mit geschwungenen oder geknickten Wurfarmen, bei dem die Sehne teilweise die Wurfarme berührt, also erst im Endauszug völlig frei wird, vgl. *Langbogen*
Reflex	Bogenform, bei der die Wurfarme zum Ziel hin gekrümmt sind. Ist der Reflex so stark, dass die Sehne die Wurfarme berührt, spricht man von Recurve.
Release	Abzug, Ablass, Lösen
Rohling	die aus einem *Stave* schon grob vorgearbeitete Bogenform
Roving	Schießen im Gelände auf natürliche Ziele wie Blätter, Baumstümpfe etc. Beim Roving Marks wird auf weit entfernte Ziele in unterschiedlicher Entfernung geschossen, vgl. *Clout*
Schnappschießen	Vorzeitiges Lösen des Schusses, bevor der volle Auszug erreicht ist
Shelf	kleine, in den Bogen eingeschnittene Pfeilauflage, auch der untere Übergang vom Bogenfenster zum Griff, vgl. *Bogenfenster*
Selfbow	aus einem einzigen Stück Holz geschnitzter Bogen, ohne Verleimungen etc.
Siyahs	türk. für die Ohren, die schlanken, steifen Wurfarmenden bei asiatischen Kompositbogen
Spätholz	äußerer Teil eines Jahresringes im Holz, das später im Jahr langsamer gewachsen und darum fester ist, vgl. *Frühholz*
Spannschnur	Hilfsmittel zum Spannen des Bogens, verhindert ein Verdrehen der Wurfarme
Spine	Biegesteifigkeitswert eines Schaftes, mit einem Spinetester gemessen und in pounds umgerechnet angegeben
Stacking	überproportionale Zunahme des Zuggewichts im letzten Teil des Auszugweges
Standhöhe	Spannhöhe, Abstand der Sehne zum Griffdruckpunkt bei aufgespanntem Bogen, zur Kontrolle der richtigen Sehnenlänge
Stave	ein Stück Holz, aus dem man einen Bogen bauen kann, vgl. Billet, Rohling
String walking	Variation des Griffs der Zughand auf der Sehne, wird als Zielhilfe benutzt, da die 'Point blank' Entfernung damit veränderlich ist
Stringfollow	permanent verbleibende Biegung der Wurfarme durch geringe Überlastung, wirkt leistungsmindernd
Systemschießen	im Gegensatz zum instinktiven Schießen ist der Zielvorgang bewusst an Hilfsmitteln (z.B. Pfeilspitze) orientiert

Tab	meist ein einfaches Stück Leder mit Fingerlöchern zum Schutz der Finger an der Sehne
Take down	ein Bogen, der zum Transport in zwei (Langbogen) oder drei (Recurve) Teile zerlegt werden kann
Taper	Verjüngung, allmähliche Dickenreduzierung der Wurfarme oder des Pfeilschaftes
Tiller	Biegeprofil des Bogens / der Wurfarme, auch das korrekte Biegeverhältnis des unteren zum oberen Wurfarm
Untergriff	Griff auf der Sehne mit (drei) Fingern unterhalb des Pfeils
Verreißen	ruckhafte seitliche Bewegung des Bogens beim Abschuss, Schießfehler, der das Treffen verhindert, vgl. *Nachhalten*
Verzeihend	ein Bogen, der weniger empfindlich auf Fehler des Schützen reagiert, wird „verzeihend" genannt
Vorschaft	Hartholz, das vorne am Pfeilschaft angesetzt wird, um der Bruchgefahr hinter der Spitze vorzubeugen
Wedeln, Reiten	das horizontale bzw. vertikale Pendeln des Pfeils im Flug deutet auf eine falsche Abstimmung von Bogen und Pfeilen hin
Wirkungsgrad	gibt an, wie viel Prozent der in den Bogen eingebrachten Energie auf den Pfeil übertragen wird
Wurfarm	die sich krümmenden Bauteile des Bogens, an denen die Sehne befestigt ist
Zielpunkt	bewusst ausgesuchter Punkt, auf den die Pfeilspitze gerichtet wird, manche Systemschützen schießen danach.
Zuggewicht	die Kraft, die man braucht, um den Bogen auf seine volle Auszugslänge zu spannen, die Maßeinheit ist *pound* (lb)
Zuggewichtskurve	grafische Darstellung der Zuggewichte auf jedem Zoll des Auszugs, dient der Beurteilung des Bogens
Zughand	Hand, welche die Sehne zieht

Traditionelle Maße und Gewichte (alle Angaben leicht gerundet)

Gewichtsangaben

1 grain (gr.)	=	0,065 g
15,432 gr.	=	1 g
1 ounce (oz.av.)	=	28,35 g
1 ounce (oz. troy)	=	31,1 g
1 pound (lb.)	=	453 g
2,205 lb.	=	1 kg

Längenmaße

$^1/_{16}$ Zoll	=	1,6 mm
$^1/_8$ Zoll	=	3,2 mm
$^5/_{16}$ Zoll	=	7,9 mm
$^{11}/_{32}$ Zoll	=	8,7 mm
$^{23}/_{64}$ Zoll	=	9,1 mm
1 Zoll	=	2,54 cm
1 foot (ft.)	=	30,53 cm
1 yard (yd.)	=	91,48 cm
1,09 yd.	=	1 m

alte Pfeilgewichte

1 silver penny	=	7,26 gr. bzw. 0,47 g
12 silver pennies	=	1 shilling

ein "Fünf-Shilling-Pfeil" wiegt also
436 gr. bzw. 28,25 g

Geschwindigkeit

1 ft./sec	=	1,0973 km/h
182 ft./sec	=	200 km/h

Der englische Langbogen

Nach den Bestimmungen der British Long-Bow Society (Regelwerk von 2002) darf ein englischer Langbogen ein Selfbogen sein, oder mit Backing versehen oder laminiert sein; er soll aus Holz bestehen, Bambus ist erlaubt.

Die Dicke der Wurfarme darf nirgends weniger als $^5/_8$ der Breite betragen, die Bogenlänge mindestens 60 Zoll zwischen den Nocken für Pfeile unter 27 Zoll Länge, für längere Pfeile nicht weniger als 66 Zoll. Keine Pfeilauflage zulässig, der Pfeil liegt nur auf der Bogenhand auf; außer bei Flight- und Roving-Veranstaltungen sind Hornnocken vorgeschrieben.

Der Standard-Pfeil

Nach dem gleichen Regelwerk muss ein Standard-Pfeil aus Esche oder ähnlichem Holz bestehen und bei $^3/_8$ Zoll (9,5 mm) Durchmesser und 31 ½ Zoll (80 cm) Länge zwischen Nockboden und Pfeilspitze mindestens 52 Gramm wiegen.

Die Befiederung muss mindestens 6 Zoll (15,3 cm) lang und an der höchsten Stelle mindestens ¾ Zoll (1,9 cm) hoch sein. Auch sind bestimmte Broadhead- oder Bodkin-Spitzen (Nr. 10, 15, 16 nach der Klassifikation des London Museums) vorgeschrieben. Die genauen Regeln erhält man bei der British Long-Bow Society.